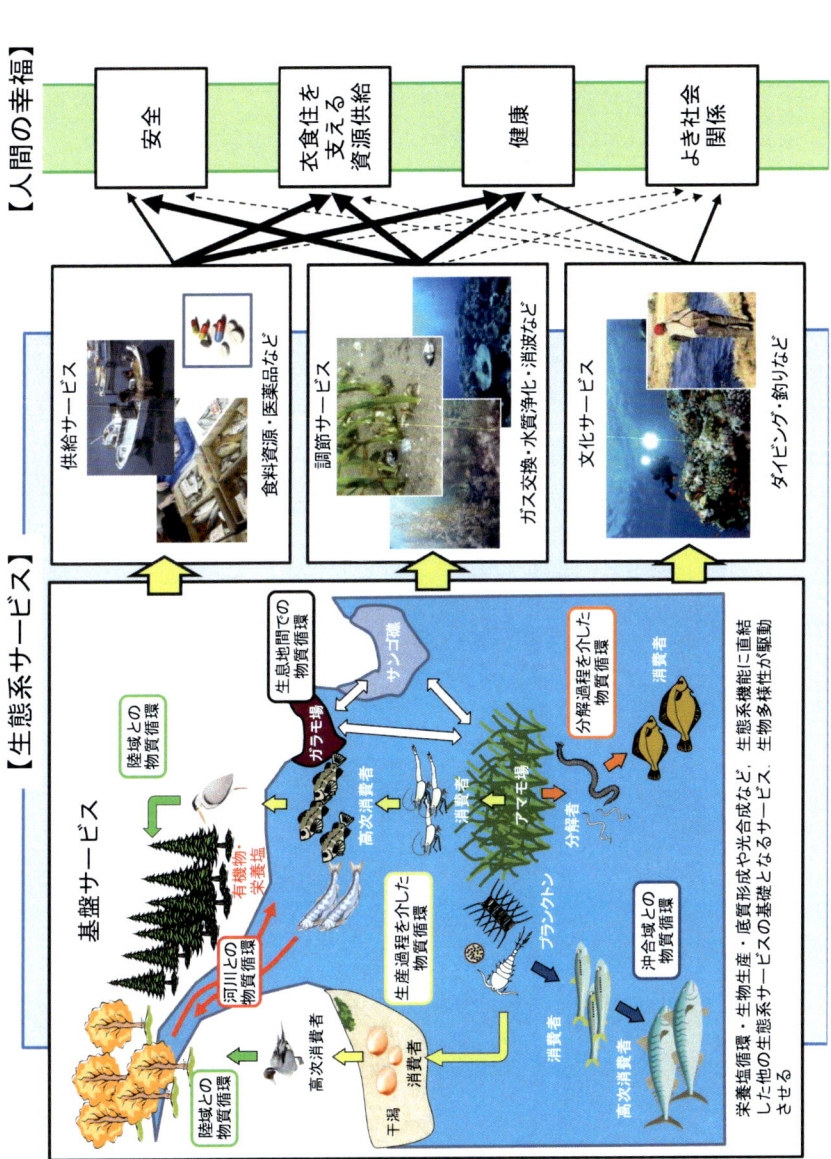

口絵1 浅海域における4つの生態系サービス，およびそれらと社会活動がもたらす人類の幸福とのかかわり．ミレニアム生態系評価（1章）を参考に作成．

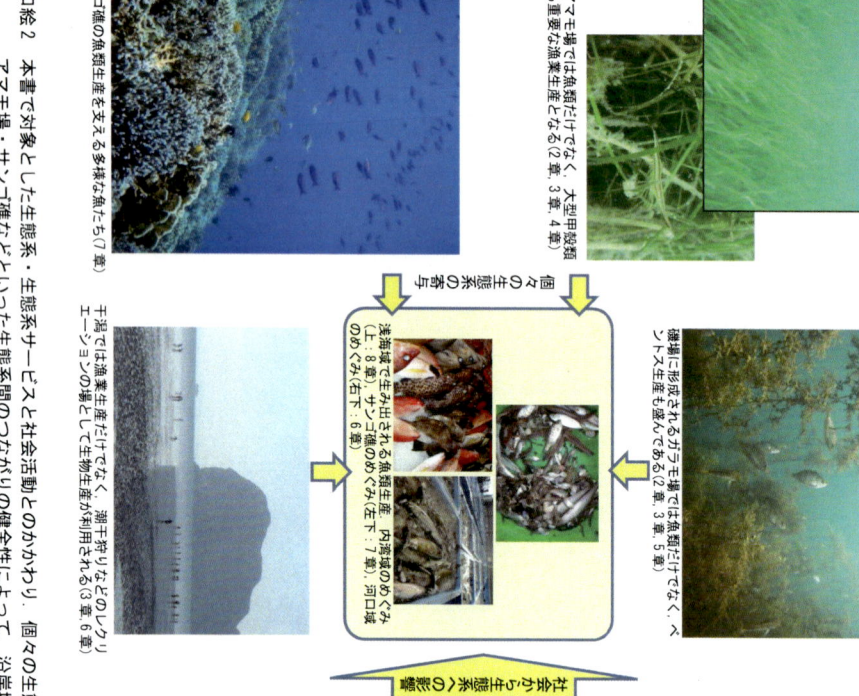

口絵2 本書で対象とした生態系・生態系サービスと社会活動とのかかわり。個々の生態系の健全性のみならず、森・川・海やアマモ場・サンゴ礁などといった生態系間のつながりの健全性によって、沿岸域の豊かな魚介類生産が生まれている。サンゴ礁の魚類生産を支える多様な魚たち（7章）

水産学シリーズ

169

日本水産学会監修

浅海域の生態系サービス
―海の恵みと持続的利用

小路 淳・堀 正和・山下 洋 編

2011・3

恒星社厚生閣

ま え が き

　2010年3月27日に日本大学湘南キャンパスで開催されたシンポジウム「魚介類生産の場としての浅海域の生態系サービス」の会場は，朝9時の開会から夕方の閉会まで終始立ち見の出る大盛況となった．「生態系サービス」という言葉に対して水産学会員の多くがなじみ深いわけではないことも想定されたため，正直なところシンポジウムを企画した我々は，その成否に当日まで若干の不安を抱えていた．しかしながら，会場に広がる熱気を通して，本企画が的外れや時期尚早ではなかったことをすぐにそして強く確信した．多くの会員や関係者が生態系サービスに興味をもっておられたことを，白熱した当日の議論からもうかがい知ることができた．参加いただいた皆様にこの場を借りて改めてお礼申し上げたい．本書の内容は上記シンポジウムでの講演内容がもとになっている．

　生態系サービスについて深く知ろうとするのが，本書を通じてほぼ初めての経験となる方もいらっしゃるであろう．また，「生態系」や「生物多様性」を主な題材として扱った本書は，水産学会が監修する「水産学シリーズ」のなかで若干異質に感じられるかもしれない．具体的背景をあげるとすれば，「水産」と「生物多様性」をあつかう学問分野が異なり，これらの分野の研究者の多くは異なる学会に属し研究成果の公表も別々に行ってきた．実際のところ，水産の分野に身をおいて学生時代を過ごした編者らが受けてきた講義では，単一の種（例：マイワシ）の資源がなぜ減ったり増えたりするのか，あるいは資源をいかにして増し多く獲るかといった内容を教わる機会が多かったように記憶している．1960年代までは食用魚介類の自給率が100％を越え，重要なタンパク源として漁獲されてきた水産物のほとんどをごく少数の種が構成していた．これら数種の資源変動が国全体の漁獲量さらには水産業従事者の暮らしや水産経済までも大きく左右してきたため，多く獲れる種に注目が集まってきたのは当然の結果であり，そこに生物多様性という概念が結びつきにくかった，というのが，ひとつのわかりやすい歴史的背景かもしれない．しかし今，水産と生物多様性の関連が大きく注目され，不可欠なものとなっている．これらの結びつきが，未

来の学問として飛躍を遂げるに違いないとの強い思いが，著者らを本シンポジウム開催と本書出版に駆りたてた．

　本シンポジウムの開催から半年後の2010年10月に名古屋で生物多様性条約第10回締約国会議（COP10）が開催された．国際生物多様性年でもある2010年に開かれた第10回という節目の大会の議長国として，日本はリーダーシップを示す立場にあり，政府，地方公共団体，大学，NPOなどが活発にイベントを行った．マスコミ報道の影響もあり，市民から政府に至るさまざまな段階で生物多様性に関する認知は過去に例がないほど広がった．エコカーやエコバッグなどの普及も手伝って，日常生活の中でさえ老若男女を問わず環境問題を意識する機会が格段に増えている．COP10でのセッションやサイド・イベントでは，生態系の中でも高い生産力と生物多様性をほこる浅海域の保全と，地球環境変動の影響を長期的にモニタリングすることの緊急性・重要性が繰り返し強調された．これまで生物多様性に関する概念が水産資源や生息環境の保全に盛り込まれることは少なかったが，近年は海洋保護区（marine protected area：MPA）の設定などの取り組みが国や地域によっては盛んに行われている．今後は，国や地域の枠を越えた協同体制，包括的かつ長期的視座からの解析およびモニタリング体制の構築を急がねばならない．しかしながら，我が国においては浅海域の生物生産メカニズムやその定量評価に関する包括的な先行研究例，解説書などが地域レベルでもほとんどない状況にある．

　浅海域に目をむけると，そこには藻場，河口，干潟，サンゴ礁などの多様な環境が存在し，地球上の全海洋の中でもっとも多様な生物群集が生息している．外洋域に比べて沿岸域では，生物に対して陸域からの有機物の供給，酸性化，貧酸素化，地球温暖化などの短・長期的な人間活動のインパクトがより直接的かつ複雑に及ぶのが大きな特徴である．浅海域の生物生産メカニズムを理解し，高い生産性を持続的に利用する方策や体制を構築することは，人類が直面している地球環境・食料問題の解決にも直結するきわめて重要な課題である．そのためには，浅海域生態系を構成する多様な種や環境の相互関係を解きほぐす包括的な取り組みが不可欠なのは言うまでもない．

　古くから人類は浅海域で生産された魚介類＝「自然の恵み」を享受してきた．人類による過度の利用（乱獲），汚染，生息場の面積減少・消滅などが進んだ水

域では，個体数の大幅な減少や絶滅の危機に追い込まれている種が少なくない．とりわけ，産卵場や生活史初期の生息場として浅海域を利用する種は，これら人間活動の影響を直接的に受けやすい．生態系の劣化や消失，種への致命的ダメージなどが生じた場合には，それらの再生に極めて長い時間を要する．浅海域生態系の重要性，保全の意識が過去に比べて高まった今日では，生態系への影響を軽減するミチゲーションや，過去に消失した生態系を人工的に復活させる人工藻場・干潟造成（里海創生事業と呼ばれる類のものを含む），資源増大を目指した魚介類の人工種苗の放流などの努力も各地で実施されている．しかしながら，これらの多くのケースでは単一種の生産力の向上に注目が集まるとともに，その効果の評価対象が短期的である場合がほとんどである．人工的な資源培養や環境回復・創生事業が期待に反して不成功に終わるケースが後を絶たないことは，生態系を構成する種や個体群，群集，生息環境が複雑に相互連関していることに対する我々の理解不足に起因するのかもしれない．

　生態系に備わった機能のうち人類が享受できる価値の部分を示す生態系サービスは，各生態系の重要性を定量的に評価するために必須の尺度である．地球上に存在する様々な生態系のサービスを経済価値に換算した Costanza *et al.* によれば，河口域や藻場などの浅海域がうみだす生態系サービス（約 2 万ドル / ha / 年）は熱帯雨林（約 2 千ドル / ha / 年）や陸水域（約 8 千ドル / ha / 年）に比べてはるかに高く，全生態系のなかで最大と見積もられている．生態系サービスはあくまでも人類から見た利己的価値であるため，価値が高いことは社会的に意味がある．しかしその一方で，生態系サービスが低いからといって重要でないことを示しているわけではなく，人類の利己的価値で判断できない価値も存在する．本来，生態系・生物多様性とは価値（人類から見た利己的価値）に関係なく守るべきものであり，そのうち，社会的に評価が可能なものを生態系サービスとして扱っているわけである．したがって，上記の経済価値はあくまでも 1 つの目安に過ぎない点に注意する必要があるが，生態系の役割と重要さをわかりやすく教えてくれるものである．現存する生態系を失った際に最低限どれだけの経済的損失が生じるかを知るための指標ともなりえるので，無計画な沿岸開発や埋め立てに対し抑止的に作用する根拠となる場合もありうる．

　生態系サービスは調整，供給，文化およびこれらを支える基盤サービスの 4

つに区分される（1章を参照）．本書では，これらのうち供給サービスに相当する魚介類の生産過程と定量評価を主な対象として扱う．第I部では，読者の理解を深めるために生態系サービスの詳述とあわせて，高い生物生産力と生物多様性とのかかわり（1章），水産資源の主要な分類群である魚類（2章）と貝類・甲殻類（3章）の生産研究の歴史と手法についてレビューする．第II部では浅海域を構成する代表的な生態系のうち，アマモ場（4章），ガラモ場（5章），河口・干潟域（6章），サンゴ礁（7章）の環境特性と生物生産機構を対比させる．第III部では長期的視点からの解析（8章），経済学的評価（9章），地球環境変動および人間活動との関連（10章）を解説する．

　本書は，多様な分類群と生息環境を網羅したうえ人文科学分野とも関連づけることにより，浅海域の生態系サービスに関する理解を可能な限り包括的視野から深めることを目的としている．おもに大学学部生や院生，専門家を対象とする内容構成となっているが，関連分野に興味のある高校生でも理解できるよう平易な文面を心がけた．

　絶海の孤島やジャングルとは異なり，誰もが気軽に足を踏み入れることができる身近な生態系でありながらも生物多様性の宝庫であり，多くの恵みを我々に提供する浅海域は，まさに宝の海である．研究従事者だけでなく，行政・政策担当者から市民に至るまで，様々な立場の人々が生態系サービスに対する関心・理解を深め，生態系保全と持続的利用を実践しうる社会システムが今後できあがってゆくために，本書が少しでも貢献できれば幸いである．

　末筆ながら，本書のもととなったシンポジウムの開催，本書の編集・出版に際して多くのご尽力をいただいた関係各位に厚く御礼申し上げます．

2011年2月

小路　淳
堀　正和
山下　洋

浅海域の生態系サービス−海の恵みと持続的利用　目次

まえがき ……………………………………（小路　淳・堀　正和・山下　洋）

I. 生態系サービスの概念と研究手法
1章 浅海域の生態系サービス：
　　　生物生産と生物多様性の役割
　　　………………………………………………（堀　正和）………11
　　§1. 生態系サービスとは（12）
　　§2. 生態系サービスと生態系機能・生物多様性との関係（17）
　　§3. 生態系サービスの価値評価（20）
　　§4. 水産学における生態系サービス研究の課題（22）

2章 魚類生産からみた生態系サービス
　　　………………………………………………（小路　淳）………26
　　§1. 魚類生産研究の歴史（26）
　　§2. 成育場機能仮説 – Nursery Role Hypothesis（28）
　　§3. メバル類を例にした研究事例（31）
　　§4. これからの魚類生産研究（35）

3章 無脊椎動物資源からみた生態系サービス
　　　………………………………（千葉　晋・河村知彦）………38
　　§1. 漁業生産としての生態系サービス（39）
　　§2. 資源生物の生息場環境が有する供給サービス（40）
　　§3. 他の資源生物の餌料としての生態系サービス（42）
　　§4. 漁業行為による生態系サービスの低下（44）
　　§5. ホッカイエビ漁業がもたらす生態系サービスを考える（45）

II. 各生態系の環境特性と生産構造

4章 アマモ場－シェルター機能の再検討
....（堀之内正博）……… 53
§1. アマモ場とその周囲のマイクロハビタットにおける魚類群集構造（55） §2. アマモ場の捕食者に対するシェルターとしての機能の再検討（57） §3. 海草の形成する構造と捕食者－被捕食者間相互作用との関わりからみたアマモ場魚類分布パターンの形成機構について（59）
§4. アマモ場保全（62）

5章 ガラモ場における稚魚生産
....（上村泰洋）……… 67
§1. ガラモ場における魚類生産研究史（67）
§2. ガラモ場におけるシロメバル生産速度推定の試み（69）
§3. ガラモ場の環境特性とシロメバル生残の関わり（73）

6章 河口・干潟域における漁業資源生産
........................（浜口昌巳・藤浪祐一郎・山下　洋）……… 78
§1. 河口・干潟域の環境特性（79）
§2. 河口・干潟域の生態系サービス（80）
§3. 二枚貝生産と河口・干潟域（81）
§4. 河口域と魚類生産（85）
§5. 河口・干潟域と森川海の繋がり（89）

7章 サンゴ礁魚類の生産機構と生態系サービス
....（中村洋平）……… 93
§1. サンゴ礁魚類の生産構造（93）
§2. サンゴ礁魚類がもたらす生態系サービス（95）

§3. サンゴ礁の衰退と魚類（*96*）
　　§4. 漁業が魚類資源に与える影響（*98*）
　　§5. 海草藻場やマングローブ林の消失がサンゴ礁魚類に及ぼす影響（*101*）
　　§6. サンゴ礁魚類の資源管理と持続的利用（*102*）

III. 今後の生態系サービス研究
8章　浅海域生態系と沿岸資源の長期変動
　　　　　　　　　　　　………………………（片山知史）…… *107*
　　§1. 沿岸資源の成育場評価（*107*）
　　§2. 沿岸資源の長期的変動（*110*）
　　§3. 生態系サービスと資源変動（*114*）

9章　生態系サービスの経済学的評価
　　　　　　　　　　　　………………………（大石卓史）…… *116*
　　§1. 生態系サービスの経済価値の評価（*116*）
　　§2. 水産エコラベル制度の活用（*121*）
　　§3. 今後に向けて（*128*）

10章　地球環境変動と生態系サービス，人間活動の
　　　関連性の解明に向けて
　　　　　　　　　　　………………（仲岡雅裕・松田裕之）…… *129*
　　§1. 人間活動と生態系サービス，環境変動の相互関連性の解析（*130*）
　　§2. 生態系サービスの変化の方向性・関連性（*133*）
　　§3. 気候変動と生態系サービス，人間活動の変動予測（*135*）
　　§4. 生態系サービスのトレードオフを考慮した沿岸生態系管理（*138*）
　　§5. 今後の課題（*141*）

用語解説 ………………………………………………………………… *145*

Ecosystem services of coastal waters
- benefits of the sea and its sustainable use

Edited by Jun Shoji, Masakazu Hori and Yoh Yamashita

Preface   Jun Shoji, Masakazu Hori and Yoh Yamashita

I. The concept of ecosystem services and research methodology

    1. Ecosystem services of coastal areas: the important role of biological production and biodiversity   Masakazu Hori

    2. Ecosystem services supplied by fish production   Jun Shoji

    3. Ecosystem services supplied by invertebrate resources
                         Susumu Chiba and Tomohiko Kawamura

II. Characteristics of environmental conditions and mechanisms of biological production

    4. Seagrass habitat: reexamination of the effectiveness of seagrass as a shelter against predators   Masahiro Horinouti

    5. Production of fish juveniles in a macroalgae bed
                         Yasuhiro Kamimura

    6. Production of fishery resources in estuarine areas
                 Masami Hamaguchi, Yuichiro Fujinami and Yoh Yamashita

    7. Production mechanisms and ecosystem services of coral reef fishes
                         Yohei Nakamura

III. Future perspectives of ecosystem service research

    8. Coastal ecosystems and long-term fluctuations in coastal fisheries resources   Satoshi Katayama

    9. The economic value of ecosystem service
                         Takafumi Oishi

    10. Elucidating the link among global climate change, ecosystem service and human activity
                       Masahiro Nakaoka and Hiroyuki Matsuda

I　生態系サービスの概念と研究手法

1章　浅海域の生態系サービス：生物生産と生物多様性の役割

堀　正和[*]

　我々人類の生活は自然界の恩恵のもとに成り立ち，様々な物質と生活環境を自然から得ている．我々の生命活動に必須の大気・水などは自然界の循環により生み出される．生活に欠かせない衣食住に関する物品の多くは，自然界が作り出した物質が原料である．考え方によっては，石油なども太古の自然が作り出した産物であろう．我々は従属栄養生物であるため，食料として他の生物，つまり自然界の生物生産を搾取・摂取する必要がある．水産物はその最たるものであることはいうまでもない．また，土地景観や景色など，我々が安全，快適に暮らすために必要な環境も，自然界が長い年月をかけて作りだしたものである．簡単に言えば，このような我々が生態系から受けている恩恵を総じて生態系サービスという（口絵1）．

　沿岸域は単位面積当たりの生物多様性と生態系機能が海洋で最も高い海域であり，サンゴ礁やマングローブ林，藻場や干潟など，水産業の観点からも重要な生態系を多く含んでいる（口絵2）．海洋面積に占める沿岸域の割合はわずか9％にすぎないが，海洋の総一次生産量の約1/4をその沿岸域が担っている[1]．沿岸域の生態系サービスの価値見積もりでは，判明している生態系サービスだけでも，単位面積当たり外洋域のおよそ16倍であり，全面積でも，外洋域の1.5倍である[2]．藻場と干潟を例にあげると，これらの生態系は単位面積当たりの生態系サービスが地球上で最も高く，その値は熱帯雨林の約10倍である．その面積は全沿岸域面積の12％程度，全海洋面積にすると1％に満たないにもかかわらず，海洋面積の91％を占める外洋域と同等程度の総合的価値を有している計算になる．

　このように，沿岸域は我々人類に多大な恩恵を与えている生態系であるが，近年の環境変動や人為的環境破壊に伴い，重要な生態系機能の劣化や生物多様

---

[*]（独）水産総合研究センター瀬戸内海区水産研究所

性の減少が各地で報告されるようになった[3]．こうしたなか，国連主導によって地球規模の生態系アセスメント「ミレニアム生態系評価」が実施され，最近数十年間に生じた生態系改変に関する評価がなされた[4]．海洋に関しては，世界のサンゴ礁の20％が消失・20％が劣化したこと，マングローブ林の35％が消失したこと，漁業対象種の1/4は乱獲によってすでに資源が崩壊状態にあることなどが報告されている．これらの事実は社会に大きな衝撃を与え，社会科学の分野でも生態系の価値に関する議論がなされるようになった[5]．このような背景から，水産学や海洋関係の各分野においても生態系サービスに関する話題が増加し，関連する政策や行政にまで反映されるに至っている．

　本書の導入部分に該当する本章では，本書を読み進めるうえで必須の生態系サービスに対する適切な理解を得てもらうことを目的としている．まず，次節で生態系サービスの定義とその概念が生まれた経緯について説明する．次に生態系サービスを生み出す生態系機能，生態系機能の制御盤の役割を果たす生物多様性との関係について解説し，生態系サービスの持続的利用には生態系機能，生態系サービス，生物多様性という三者関係の理解が必須であることを示す．さらには，環境経済の分野において近年盛んに行われるようになった生態系サービスの価値評価法とその是非について，その概要を簡単に説明する．最後に，生態系サービスの概念とその価値評価が水産業にどう関与できるか，いくつか私見を示したい．

§1．生態系サービスとは

　生態系サービスとは，我々人類が自然界から享受している"自然の恵み"のことである．生態系サービスという言葉が使われるようになって久しいが，最近では生態系サービスという言葉のみが先走りし，言葉のもつ真意に関しては十分に浸透していない感がある．生態系サービスという言葉は，文字どおり「生態系」から人が享受する「サービス」と読み取れば，言葉の意味を漠然と推測できる．そのため，その概念への理解が曖昧になりやすい．また，長きにわたり自然を利用してきた水産業の世界では，"自然の恵み"を至極当然のこととして認識していたかに思う．そのため，わざわざ生態系サービスという言葉を使う必要はない，と考える人もいるかもしれない．

しかし，生態系サービスの定義と概念を適切に理解することは，生態系サービスという言葉を知ることより，はるかに重要な意味をもっている．なぜなら，生態系サービスを理解するためには，生態系サービスを生み出す生態系機能，さらには生態系機能とサービスを制御する生物多様性に至るまで，生態系全体に対する幅広い見識が必要となるからである．それによって，これまで漠然と利用してきた"自然の恵み"を体系的に理解することに加え，その恵みが生み出される仕組みや構造に対してまで思慮の幅が広がり，その仕組みを持続的に利用するための様々な着想が得られるはずである．例えば，生態系への包括的な視点が生じ，水産対象種に加え，その対象種の生産に関連する他の多くの生物種（生物多様性）や生息環境にまで思慮が及ぶことになる．これは，近年盛んに提唱されている生態系管理に通じる着想である．つまり，生態系サービスの定義と概念を理解することは，"自然の恵み"を生み出す生態系のプロセスを体系的に捉えることなのである．以下，順を追って説明する．

　生態系サービスの概念を理解するためには，まず生態系機能に関する理解が必要である．生態系機能とは，"各々の生態系によって特徴づけられる，生元素（C, N, P, Si など）を介した多様な生物的・物理化学的プロセスと，それらのプロセスに付随して生じる様々な作用"と定義されている[6]．少し噛み砕いた説明にすれば，各々の生態系の生物生産と分解過程によって生じる多様な生物的・物理化学的プロセス，と言えよう（図1・1）．生物生産そのものや，それに伴う栄養塩循環やガス交換，植物による二酸化炭素固定など，あるいは生産者から消費者への食物連鎖（生元素の流れ）で生じる捕食‐被食作用や花粉媒介，さらには植物群落（一次生産）や分解者による土壌形成と堆積などが相当する．藻場生態系を例にとると，藻場の生物生産力，物質循環速度などのプロセスが生態系機能である．ここで磯焼けなどにより大型藻類中心の生物群集から小型藻類や石灰藻に改変されれば，当然のことながら一次生産力や物質循環速度は大きく変化し，二次生産にも大いに影響を及ぼす．したがって生態系機能は大きく変化することになる．

　そして生態系機能のうち，特に人類にとって恩恵のある生態系機能の部分集合が生態系サービスと定義されている[3]．つまり，生態系機能あってこその生態系サービスなのである．表1・1に主要な生態系サービスと生態系機能の関係に

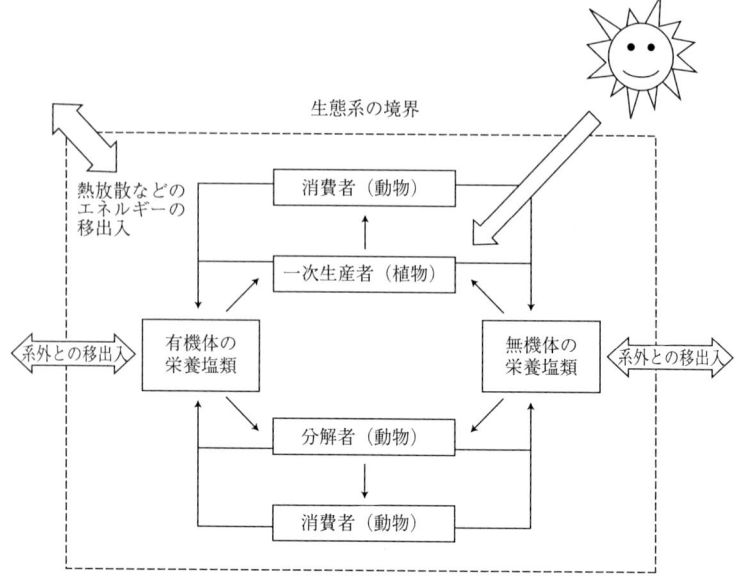

図1・1 基本的な生態系機能の概念図.
太陽からのエネルギーを一次生産者が取り込み，その後の生物生産と分解による生元素の流れ（細矢印）および生態系間でのエネルギー・物質の移出入，さらにその流れに伴う物理的作用を生態系機能と呼ぶ．Naeem et al.[6] を改変．

関する例をあげた．例えば，干潟の生態系サービスとしてよく知られる浄化作用では，干潟生物による生物生産や分解過程，あるいはそれらに伴う物理的な沈降作用により，我々人類が輩出した汚物が処理される効果を指している．また，陸上の農作物栽培で必須の送粉・受粉作用は，二次生産（生態系機能）の過程で花粉媒介を含む昆虫類が生み出す生態系サービスである．したがって干潟や農耕地という場が存在しても，これらの生態系機能が存在しなければ，生態系サービスは生じないことになる．

　ここでまず注目すべきところは，生態系機能は生物群集を構成する種の特性により駆動されている点である．上述の藻場生態系の例をもう一度見てみよう．藻場の生態系機能の変化は，大型藻類から小型藻類・石灰藻への種構成の変化で生じる．また，生態系機能は大型藻類の種の置換によっても変化するだろう．コンブ類中心の藻場とガラモ類中心の藻場では生物生産や物質循環が異なるこ

表1・1　主要な生態系サービスと生態系機能の関係
Costanza et al.[2] を参考に作成し，サービスの種類はミレニアム生態系評価に準拠した．

生態系サービス	生態系機能	サービスの種類	例
ガス（大気）の制御	大気とのガス交換	調節サービス	CO_2/O_2 比，O_3 による紫外線防御，硫黄酸化物濃度調節
天候の制御	大気とのガス交換・化学物質交換	調節サービス	温暖化ガスの制御，DMS（dimethylsulfide）合成による雲の発生
撹乱の制御	一次生産（植物群落）の構造的機能	調節サービス	嵐からの防årv，氾濫制御，保湿など，主に植物群落による環境変動に対する制御機構
水文学的な水の制御	水の貯蔵	調節サービス	河川配置などによる農地への灌漑的役割，工業用水の供給，水運
侵食の調節・土壌の保持	土壌の堆積	調節サービス	風浪・流水などによる侵食の防止，湖や湿原などへの沈泥作用
水の供給	水の貯蔵	基盤サービス	流域，貯水池，森林，帯水層からの淡水供給
土壌形成	土壌の堆積	基盤サービス	岩石の風化作用，生物由来土壌の堆積
栄養塩循環	生元素循環	基盤サービス	窒素固定，窒素，リン，その他栄養塩の循環
汚物処理	生元素循環	調節サービス	汚染物質の調節，解毒，水質浄化など
授粉作用	花粉媒介	基盤サービス	植物繁殖・一次生産に対する花粉媒介者の提供
生物防除	生物間相互作用	調節サービス	キーストン捕食者による餌生物の制御，過剰植食者への捕食者による抑制
保護	一次生産の構造的機能・景観形成	基盤サービス	稚仔魚の成育場所提供，渡り鳥・魚類への繁殖地や越冬地の提供など
食料供給	生物生産	供給サービス	水産資源生産，農業生産，果実生産など人類の食料資源となる生物生産
原料	生物生産	供給サービス	材木，燃料，家畜飼料などの生産
遺伝的資源	生物生産	供給サービス	薬，病原体への抗体，観賞用生物など
レクリエーション	生物生産・景観形成	文化サービス	エコツーリズム，遊漁，生物採集など野外で行うレクリエーション活動
文化的資源	生物生産・景観形成	文化サービス	生態系が持つ美的，芸術的，教育的，精神的，科学的価値

とは容易に想像できる．また干潟の浄化作用についても，関連する生態系機能を司る二枚貝や多毛類などでは，種によってその濾過能力が異なるであろう．

このような種の特性に加えて，種の構成，すなわち種の多様性も生態系機能と生態系サービスに大きく影響する[7]．Tilman et al.[8]は草原の草本類を対象に，構成種数と植物量の関係について詳細な野外実験を行った．その結果，種数が多いほど栄養塩の吸収がよくなることで植物量が増加した（図1・2a）．また，関連実験では環境の攪乱に対する生態系機能の抵抗性が強くなる結果を得た[9]（図1・2b）．沿岸域でも多様性と生態系機能に関する同様な知見が得られており，例えば海中顕花植物のアマモを対象にした実験では，アマモ群落内の遺伝的多様性が高いほど，環境変化に対して植物量の変化が小さくなる結果が得られている[10, 11]．したがって生態系サービスの価値を評価するためには，生態系サービスを生み出す生態系機能，さらには生態系機能を制御する生物多様性に対する考慮が必須となる．次節ではこれら3者間の関係についてさらに詳しく説明する．

もう一点，生態系機能について注意が必要なのは，一般的に使われる「生態系の機能」という言葉と混同しやすい点である．文字こそ似ているが，「生態系の機能」と「生態系機能」は同義ではない．「藻場の機能」を例にあげてみよう（表1・2）．これらを比較すると一目瞭然であるが，物質循環や基礎生産など，幾つ

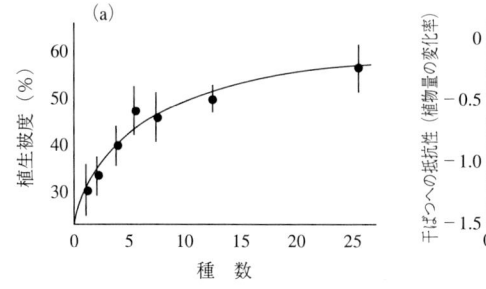
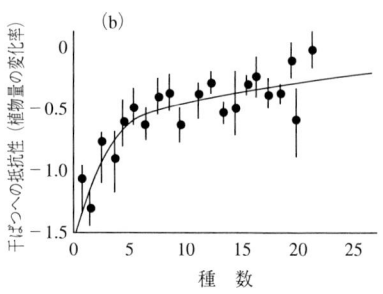

図1・2 Tilman et al. による草地での生物多様性と生態系機能を検証する実験結果．
(a) 播種によって種数を操作した実験区の植生被度の変化．植生被度を生態系機能の指標にしている．種の多様性が低いほど植生被度が低く，種数が増加するにつれて被度も増加する
(b) 草地実験区において，干ばつが起こる前の種数と干ばつ抵抗性の関係．干ばつ抵抗性は干ばつ前後での植物量の変化率で計算している．Tilman et al.[8, 9] を改変．

表 1・2　藻場の機能の比較

水産庁・マリノフォーラム 21（2007）「アマモ類の自然再生ガイドライン」
(1) 生物の生息場所
(2) 魚介類の産卵場
(3) 魚介類の保育場
(4) 漁場
(5) 水質・底質の浄化

国土交通省港湾局（2003）「海の自然再生ハンドブック－藻場－」
(1) 基礎生産
(2) デトライタス食物連鎖と一次消費者の維持
(3) 産卵場および保育場
(4) 摂餌場および隠れ場
(5) 環境の安定化
(6) 流れ藻の供給

環境省（2004）「藻場の復元に関する配慮事項」
(1) 物質循環
(2) 生物の多様性維持
(3) 幼稚魚育成
(4) 餌料供給
(5) 産卵場形成
(6) 水質浄化
(7) 底質安定化
(8) 環境形成・維持

かは「藻場の生態系機能」を指している一方，別の項目では水質浄化や幼稚魚・卵の保護などといった「生態系サービス」を指しているケースも見受けられる．つまり生態系の機能という言葉は，生態系機能や生態系サービス，あるいはそれらを生み出すプロセスなどの総称として使われている．生態系機能はあくまで生態系の生元素循環とそれに付随した作用のことである．その違いを認識することは，生態系サービス，生態系機能を理解するための一助になるだろう．

§2. 生態系サービスと生態系機能・生物多様性との関係

ミレニアム生態系評価では，生態系サービスが生まれる経緯を人間活動，地球規模の環境変化と関連させ，生態系機能と種の特性・多様性の重要性を明確にしている（図 1・3）．この構造を沿岸域に適用し，人間活動に起因する沿岸域の環境劣化，それに伴う生物多様性の減少，さらに種の特性の変化による生態系機能と生態系サービスの減少について議論された例もある[12]．この図で注目すべ

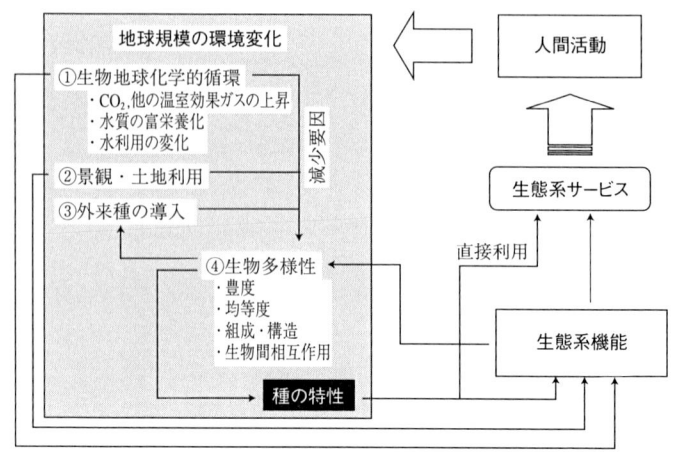

図1・3　基本的な生物多様性・生態系機能・生態系サービスの関係.
環境変化は生物多様性を介して，あるいは生態系機能を直接改変することで生態系サービスに影響する．その改変は人間活動に変化をもたらし，その変化は環境と生物多様性にフィードバックされる．Chapin et al.[3] を改変.

き重要な点としては，すべての矢印が一方向的ではなく，循環するフィードバックループの形をとっていることがあげられる．表1・1で示したように，生態系サービスと機能は一対一対応ではない．そのため，特異的なサービスの改変が生じると，生態系機能にフィードバックが起こり，それによって他のサービスの改変が生じることがある．

　もう少し掘り下げて考えてみよう．ミレニアム生態系評価では，生態系サービスを基盤サービス，供給サービス，調節サービス，文化サービスの4つに区分している（口絵1）．供給サービスは，食料・水・材料など資源を供給するサービスであり，漁業資源はこの範疇に含まれる．調節サービスは気候調節や水質浄化，あるいは天敵の存在による病気の制御など，生態系が存在することで発揮されるサービスである．文化サービスは生態系の存在によって得られる精神的・文化的利益のことであり，自然を利用したレクリエーション，レジャー，教育などが含まれる．そして，基盤サービスは土壌形成や栄養塩循環などすべてのサービスの基礎となる生態系の根本的な生態系機能のことである．生物多様性と生態系機能の関係を考えれば，生物多様性の改変は基盤サービスを介して他のサービ

スにフィードバックすることになる.

　極端な例を考えてみよう. 例えば人間の経済活動の需要により沿岸域でウニ・アワビ・サザエなどの水産資源だけを過度に増加させようとしたとする. これらの大量放流を行い, 一方で捕食者や競合種（非有用のウニ類や植食性巻貝類など）を除去する（生物多様性の改変）. その結果としてウニ・アワビ類の餌となる大型褐藻が減少することが容易に想像される. また, これまで大型褐藻に抑制されていた小型藻類・石灰藻が増加し, 基礎生産を担う優占種の置換が生じるだろう（基盤サービスの変化）. これにより, 餌の減少による身入りの減少, 漁獲物の成長不良が生じるだけでなく, 大型褐藻が形成していた生態系機能の崩壊が始まる. つまり環境が激変し, 巡り巡って藻場の生態系サービス全体の喪失が生じる可能性が示唆されるわけである. おそらく, 捕食者や競合者を除去することで多様性が減少しているので, 環境の変化に対して生態系機能が脆弱になり, 持続的に利用することが難しいであろう. これらのフィードバックループにより, 生態系サービス・生態系機能の喪失は加速度的に進行する.

　このようなフィードバックループの存在は, 生態系機能と生物多様性の関係を複雑にする一因となる. Naeem $et\ al.$[13] は, 生物多様性と生態系機能がどのような関係にあるか, 初期の研究例をまとめ, 仮説を模式的に示した（図1・4）. 最近注目されている生態系のレジームシフトも, このような仕組みが一因となる場合がある. 図1・4eでは, 種が少ない状態から増加していく場合と, 種が多い段階から減少していく場合で生態系機能の変化の仕方が異なるヒステリシスになっている.

　このレジームシフトを環境の変動が激しい条件下にあるアマモ群落を例に考えてみる. アマモ群落は自身の植物量が多い時に自身で棲みやすい環境に変える自己維持作用があり, それによって環境変動に対する抵抗性が生じることがある. このとき, 群落は飛躍的に高い植物量を安定的に形成することが可能になる. 生態系機能の抵抗性, すなわち植物量の変化量は遺伝的多様性によって制限されるので[10], この自己維持作用は遺伝的多様性が高いほど作用が大きくなる. したがって遺伝的多様性が高い状態から減少していく場合には, 植物量はこの作用によってなかなか減少せず, この作用が働かなくなった段階で急激に減少する. その一方, 遺伝的多様性が低い段階から増加していく場合には, この作用が働かな

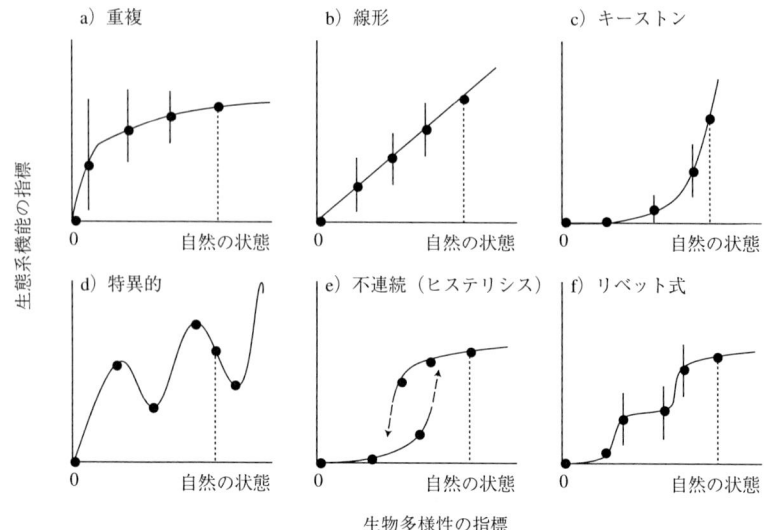

図1・4 生物多様性と生態系機能の関係．
研究初期のいくつかの仮説にそって，生物が全く存在しない状態から健全な自然の状態に達するまでの変化を模式的に示してある．縦線は標準偏差．Naeem et al.[13] を改変．

いために植物量が増加せず，安定的な群落の状態になかなか至らない．アマモ場の回復過程において少量の移植などではなかなか安定的に群落が形成されず，目標とする生態系サービス（水産資源）の回復まで至らないケースは，このことが一因になっている場合もあるだろう．

このような初期の関係に基づいて，最近では生物多様性−生態系機能関係に関する様々な議論に発展しているが，本書の内容から外れるためにここでは紹介しない．それらについては Balvanera et al.[14] に詳しいので，興味のある読者はそちらを参照されたい．

§3. 生態系サービスの価値評価

話を生態系サービスの評価に戻そう．生態系サービスという言葉は，1992年に開催された国連環境開発会議「生物多様性に関する条約」に端を発する．自然界から受けている恩恵を認識し，環境破壊への警鐘，生物保全の推進，自然環境の持続的利用を実現することを目的に，生態系・生物多様性に価値を見出そうと

考えられたのが，生態系サービスの評価の始まりである．以降，生態系サービスの価値を社会的にわかりやすく示すために，経済的貨幣価値に換算する，という方法がよく用いられるようになった．

　生態系サービスの価値評価では，前節で説明した自然科学的価値（生態学的側面）に加えて，社会科学的価値（経済学的価値）の2方向からの見方がある．社会科学では，生態系の価値を利用・非利用価値に分けて考え，さらに利用価値を直接利用価値，間接利用価値，オプション価値に細分化し，非利用価値を遺贈価値，存在価値に分化させている[15]．直接利用価値は，食料生産やレクリエーションなどが該当し，ミレニアム評価での供給サービスや文化サービスに相当する．間接利用価値は，水質浄化や消波，底質安定などが該当し，こちらは調節サービスに相当する．オプション価値は未来の遺伝資源や将来の利用などで，供給・文化・調節サービスのうち未確定な要素に該当するとみなせるであろう．その一方，遺贈価値は将来世代に残すことの価値を指し，例えば世界遺産などが該当する．存在価値は生態系・生物多様性の保持機能などが該当するため，基盤サービスに相当すると考えることができるだろう．これらの経済的価値を具体的に算定する手法については，土屋・藤田[15]に詳しく説明されている．

　生態系サービスはありとあらゆる自然の恩恵を包括するため，そのすべてを経済価値で示すことができるとは限らない．当然ながら，生態系機能と付随作用のすべてを経済的価値に換算することは不可能であろう．また，ある1つの生態系サービスが，すべての人にとって同様の価値を有していないことも事実である．かけがえのない自然，という言葉があるように，経済的価値で判断しようとすること自体，おかしいとする考え方もありうる．

　世の中には，経済的貨幣価値に換算できないものが多く存在する．古い寺院や歴史的建造物は，人類が長年継承してきた文化遺産として，多くの人がその価値を認識している．生物多様性は人間が出現するはるか以前より，地球の長い歴史上で継承されてきた，かけがえのない遺産である．したがって本来ならば，文化遺産の価値がその歴史や文化的機能の重みで説明されるのと同様に，自然科学としての生物多様性の価値も創出された歴史やその生態系機能で説明されるべきである．大事なことは，社会の価値判断と同じ基準軸で，かつすべての人に共通した価値評価により，自然界の価値を議論することにある．多くの人

が納得できるのであれば，経済的貨幣価値でなくてもよいはずである．

　おそらく，現状で最も多くの人々が納得できる基準が経済的価値評価である，というのが事実であろう．例えば，生態系サービスの一部のみを経済的価値に換算することも，やらないよりはよい結果が得られると期待してのことであろう．評価しづらい生態系サービスを含めない場合でも，その価値が決して低いわけではないことを十分認識しているにちがいない．経済的価値に換算できるものだけでも換算することで，換算できない価値を守ることができることもあるはずである．貨幣価値をつけることで，経済活動という同軸上で自然保護と開発の対話が可能になるのは大きな進歩ではなかろうか．それによって適切な保全政策や資源管理方策などが提示できるかもしれない．

§4．水産学における生態系サービス研究の課題

　現在は環境の時代と呼ばれ，様々な経済活動において"自然環境と調和した………"という文脈が枕詞として使われるようになった．現在では環境への配慮が企業イメージにも影響し，将来的な利益にまで反映するようになったと言われる．自然界への配慮を将来への投資とみなし，長期的視点に立った経済活動を行うようになりつつある．水産業においては，資源を持続的に直接利用していく必要があったため，長期的視点に立った漁業管理がいくつかすでに行われている．ただし，資源が枯渇しないための管理であって，水産資源という単一の供給サービスのみに関心が集まっているのが現状であろう．本章に目を通した後，供給サービスだけでなく，基盤サービス・生態系機能や生物多様性まで包括した関心をもってもらえたなら幸いである．

　生態系サービスは生態系機能の一部であり，生態系機能は生物を介した生元素循環とそれに付随する作用の総称である．その変化は再生産や行動など，生物の個体を介した反応により生じるため，それなりの時間を要する．例えば供給サービスとなる魚類生産量の場合は，その増減は少なくとも数世代を超えた時間スケールで決まっている．また，生物の反応は物理環境の変化に依存するため，生態系サービスは常に変動を伴い，同じ状態で推移する可能性は極めて低い．したがって生態系サービスを長期的に予測・利用していくためには，生態系機能や生態系サービスを的確にモニタリングし，漁業活動による長期的な

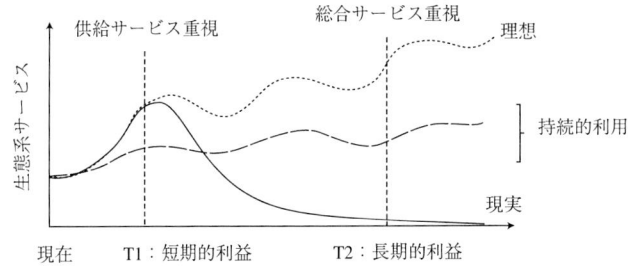

図1・5 生態系サービスの時系列変化に関する概念図.
それぞれの曲線は短期的な供給サービスの向上を目指した場合の現実的な変化（実線），長期的に生態系サービス全体の利益を考慮して持続的利用を目指した場合の変化（破線），および短期的・長期的利益の双方が満たされる場合の理想的な変化（点線）を示す．各曲線のT1時までの積分値が短期的な生態系サービスの利益，T2までの積分値が長期的な生態系サービスの利益となる．

利益・不利益の変動を予測することが必要であろう（図1・5）．

　干潟でのアサリ漁を例に考えてみる．アサリは少なくとも漁業資源としての供給サービスと，干潟の浄化作用を支える調節・基盤サービスを有する．そして，漁獲量を増やして供給サービスを増加させると，もう一方の調節・基盤サービスが低下する．アサリの漁獲量は資源量や価格に依存して毎年変動し，アサリを含めた干潟の浄化作用へのニーズも社会情勢によって変化する．短期的に漁獲量をあげることで収益は高くなるかもしれないが，長期的に見れば資源量の低下や浄化機能の低下など生態系機能の劣化をもたらし，長期的収益は低くなるかもしれない．このような生態系サービス間のコンフリクトによる利益・不利益の差し引きなどは，今後考慮していくべき課題となるだろう．即効性の高い経済活動を優先させること（沿岸開発や制限のない漁獲など）に対して，生態系機能に強いる長期的な代償を正しく示すことなどは，特に重要となるに違いない．

　長期的な視点に加え，生態系に対する空間的視点を広域に拡げることも必要である．生態系機能は生元素循環とその付随作用であることから，生態系サービスの評価は，物質循環を評価するための空間スケールで行うことになる．特に，沿岸域は陸域と海洋の中間に位置するエコトーンであるため，陸域からの河川を介した栄養塩・物質の流入や，沖合域への物質・生物の移出入などが頻繁に生じ

る.また,沿岸域の景観構造は海域と陸域の両者の環境が交わることで複雑になり,環境の多様性が高い.沿岸域の生物多様性では,種や遺伝子多様性に加えて,景観多様性も重要である[16].このような生態系間のつながりを意識し,景観多様性と生態系サービスの関係を明らかにすることは,生態系レベルでの漁業管理(生態系管理)への布石となる重要な課題であろう.海洋保護区などに代表される漁業制限区域と漁場の配置など,生態系保全と持続的漁業の両立に関するいくつかの示唆が得られるに違いない.

残念ながら,これまで水産業に関連して評価が試みられた生態系サービスは供給サービスが殆どである.なおかつ,対象種の短期的な現存量などを単純に市場価格に換算した例が多い.長期的な資源や生態系機能の変動などを加味した,より現実的な評価を行う手法も確立されていない状況にある.また,上述のように生態系サービスは相互に関連しあい,特定のサービスのみ強調することで他のサービスを変化させることがある.特に基盤サービスはすべてのサービスの基礎であり,基盤サービスの劣化は全てのサービスの劣化を引き起こす.今後の生態系サービス研究では,これらの問題について十分に議論し,複数のサービスを適切な時空間軸で総合的に評価するためのアルゴリズムや具体的手法を確立させることが必要となるであろう.

文献

1) Duarte CM, Cebrian J. The fate of marine autotrophic production. *Limno. Ocean.* 1996;41:1758-1766.

2) Costanza R, d'Arge R, de Groot R, Farber S, Grasso M, Hannon B, Limburg K, Naeem S, O'Neill RV, Paruelo J, Raskin RG, Sutton P, van den Belt M. The value of the world's ecosystem services and natural capital. *Nature* 1997;387:253-260.

3) Chapin FS III, Zavaleta ES, Eviner VT, Naylor RL, Vitousek PM, Reynolds HL, Hooper DU, Lavorel S, Sala OE, Hobbie SE, Mack MC, Diaz S. Consequences of changing biodiversity. *Nature* 2000;405:234-242.

4) Millennium Ecosystem Assessment. *Ecosystems and Human Well-being: General Synthesis.* Island Press. 2005(日本語版:横浜国立大学21世紀COE翻訳委員会翻訳.オーム社. 2007).

5) European Communities. *The Economics of Ecosystem and Biodiversity: an Interim Report.* A Banson Production, Cambridge. 2008(日本語版:住友信託銀行・日本生態系協会・日本総合研究所翻訳).

6) Naeem S, Chapin FS III, Costanza R, Ehrlich PR, Golley FB, Hooper DU, Lawton JH, O'Neill RV, Mooney HA, Sala OE, Symstad AJ, Tilman D. *Biodiversity and Ecosystem Functioning: Maintaining Natural Life Support Process, Issues in Ecology No. 4.* The Ecological Society of America. 1999.

7) Loreau M, Naeem S, Inchausti P. *Biodiversity*

and Ecosystem Functioning: Synthesis and Perspective. Oxford University Press. 2002.
8) Tilman D, Wedin D, Knops J. Productivity and sustainability influenced by biodiversity in grassland ecosystems. *Nature* 1996；379: 718-720.
9) Tilman D, Downing JA. Biodiversity and stability in grassland. *Nature* 1994；367：363-365.
10) Williams SL. Reduced genetic diversity in eelgrass transplantations affects both population growth and individual fitness. *Ecol. Applications* 2001；11: 1472-1488.
11) Hughes AR, Stachowicz JJ. Genetic diversity enhances the resistance of a seagrass ecosystem to disturbance. *PNAS* 2004；101：8998-9002.
12) 堀 正和, 上村了美, 仲岡雅裕. 内海性浅海域の保全・持続的利用に向けた生態系機能研究の重要性. 日本ベントス学会誌 2007；62：98-103.
13) Naeem S, Loreau M, Inchausti P. Biodiversity and ecosystem functioning: the emergence of a synthetic ecological framework. In: Loreau M, Naeem S, Inchausti P (eds). *Biodiversity and Ecosystem Functioning: Synthesis and Perspectives.* Oxford University Press. 2002；3-11.
14) Balvanera P, Pfisterer AB, Nina Buchmann N, He J, Nakashizuka T, Raffaelli D, Schmid B. Quantifying the evidence for biodiversity effects on ecosystem functioning and services. *Ecol. Lett.* 2006；9：1146-1156.
15) 土屋 誠, 藤田陽子.「サンゴ礁のちむやみ：生態系サービスは維持されるか」. 東海大学出版. 2009.
16) 松田裕之, 堀 正和. 海洋・沿岸域の生物多様性. 日本の科学者 2010；45：546-551.

2章　魚類生産からみた生態系サービス

小路　淳*

　魚類は浅海域の生物生産の主要な構成要素であり，食物連鎖を通じて上位・下位の生物群集のバイオマスやその変動にも影響を及ぼしている．浅海域の生態系サービスの定量評価にむけて，魚類生産の構造や変動要因を解明することは不可欠な課題である．これまで魚類生産を評価するために利用されてきたデータのほとんどは，複数の生態系（藻場，干潟，河口など）で構成される海区や湾などにおける合計値であり，生産に対する各生態系の貢献度を評価した例は極めて少ない．一般に，魚類には貝類や甲殻類などの他の水産資源に比べて高い移動能力を備えるという特性が備わっており，このことが各生態系における魚類生産の定量評価を困難にしている一因でもある．生活史のある段階や一生を通じて利用する生態系を特定するとともに，食性解析などによりそこで魚類がエネルギーを獲得していることを明白にすることで，各生態系の貢献度の定量化が可能となる．本章では，浅海域における魚類生産を生態系サービスのうち供給サービスの主要な構成要素と捉えたうえで魚類生産研究史のレビューを行い，さらに生活史初期に浅海域の藻場や河口域に強く依存する魚種の近年の研究例をもとに，魚類生産の定量評価手法について概説する．

§1. 魚類生産研究の歴史

　魚類は，浅海域の生物群集のなかでバイオマスにおいて優占し，タコ・イカ類，貝類，甲殻類などと同様に水産資源として重要な種を多く含んでいる．食用，非食用の資源として利用され，生態系サービスのうち供給サービス（1章を参照）に大きく寄与する分類群である．魚類の生産を評価する際の指標として漁獲統計データが汎用されてきた．漁獲データはある海域における水産生物の生産のアウトプットを代用できる貴重な評価軸の1つである．水産業が盛んな我が国では，地域，漁法，魚種ごとに整理されたデータが比較的よく充実しており，資

---

* 広島大学瀬戸内圏フィールド科学教育研究センター竹原ステーション

源量の推定や変動傾向の把握・予測にも用いられている．しかしながら，これまで用いられてきた漁獲データの多くは海域面積や漁獲努力量によって標準化されないまま，年や場所間の比較に用いられてきた．さらには，漁獲データは人類によって利用される生態系の純生産に相当するものであり，これに呼吸を含めた総生産とは異なることや，そこには供給サービスとして評価されない間接的貢献（3章を参照）なども存在するなど，データの扱いや解釈には注意が必要である．本章で以下に述べる魚類生産は純生産を対象とする．

　浅海域を主要な解析対象とした場合，各海域における漁獲量を単位面積・年間当たりの数値として標準化することにより，世界の主要な内湾における漁業生産力の大まかな比較も可能となる（図2・1）．国や地域によって単位面積当たりの漁獲努力量が異なる点などこれらの結果に影響を及ぼした要因は多いと考えられるが，概して瀬戸内海や有明海など我が国沿岸域の生産力は高く，そこから豊富な水産資源を得ていることは理解できる．

　しかしながら，漁獲データをもとにして魚類生産を評価する際には，主に以下の2点で問題が生じると想定される．まず1点目は，漁獲対象とならない魚類が評価されないことである．重要な水産資源生物種の中には，同じ種であっても，カタクチイワシ（大羽，中羽，小羽，シラスなど）やサワラ（サワラ，サゴシ）のようにサイズや銘柄ごとに水揚げ量が細かく記録されている場合が存在する一方で，非漁獲対象種のデータはほとんど存在しない．非漁獲対象種の多くは人類が直接的には利用しない（＝供給サービスとしての寄与が低い）ものであるが，水中におけるバイオマスが大きい場合や，食物連鎖を通じた他の重要種への

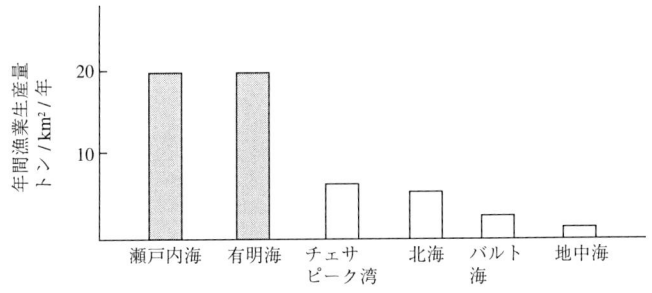

図2・1　主要な内湾域の単位面積当たり年間漁業生産量の比較[1, 2]．

影響力が強い場合には間接的に生態系サービスに貢献する生物として重要な存在となりうる．瀬戸内海では主要な水産資源ではないものの，藻場，砂浜域でそれぞれ季節的優占種となるハオコゼ・アサヒアナハゼ，ネズッポ・ハゼ類などがその一例としてあげられる．バイオマスが大きく，魚食性魚類の餌料生物として重要である漁獲加入前の生活史段階の幼稚仔魚（カタクチイワシ，イカナゴなど）は，間接的に生態系サービスに寄与する隠れた存在とも言えるであろう．現状では，漁業の現場から非漁獲対象種を含めた魚類群集全体のデータを入手するのは不可能に近い状況にある．これらのデータを得るためには，研究者による試験操業の実施や混獲魚も含めた漁獲物購入などの努力が必要となる[3]．

第2の点は，魚類生産を生みだしている生態系（あるいはその貢献度）を現存するデータのみに基づいて評価することが多くの場合困難なことである．漁獲データの大部分は，地域・場所，漁法を単位としてとりまとめられているが，生態系（藻場，岩礁，砂泥域など）を区分しているケースは殆どない．魚種や漁法によっては漁獲される環境が限られていることから，どの生態系から得られたかを推定することが可能な場合も存在する．しかしながら，魚類は概してベントス類に比べて移動能力が高く，生活史段階の進行に伴う生息場の移動に加え，季節や日といった比較的短い時間スケールで複数の生態系間を移動するものも多く存在する（図2・2）．摂餌活動の場が1つの生態系に限定されていれば，エネルギーフローに基づいて生産の場としての貢献度を評価することは可能であるが，複数の生態系からエネルギーを得ている場合，生産に対する複数生態系の貢献度の評価が必要となる．各生態系の貢献度を評価するために，耳石などの硬組織に蓄積された微量元素の分析による生息環境履歴の推定[4,5]，安定同位体比分析による餌起源・食性履歴の推定[6,7]などの手法が近年盛んに応用されるようになった．

§2. 成育場機能仮説 ─ Nursery Role Hypothesis

ある生態系における魚類の分布密度やバイオマスを調べた例は数多く存在する．例えば，藻場などの浅海域生態系において何らかの手法により捕獲・観察された魚類の種や個体数を記録した知見はその一例である．単位面積当たりの

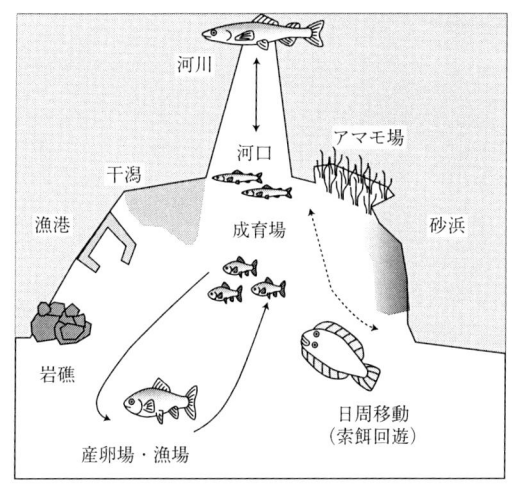

図2・2 魚類資源が複数の生態系間を移動することを示す模式図.
実線は一生を通じた生態系間移動,点線は比較的短い時間
スケールでの生態系間移動(日周期的索餌回遊など).

個体密度やバイオマスは魚類の分布状況や季節変動を知るうえで重要な手がかりとなりうる.しかしながら,これらの情報はあくまでも魚類の現存量であり,生産過程の定量評価には厳密には到達していない[8,9].近年,魚類生産を定量的に評価するためには,現存量の把握だけでなく,生態系内における生産過程(個体群やコホートのバイオマスの変動過程)を定量的に把握することの重要性が指摘されている[10].例えば,ある生態系において魚類の個体密度が高くても,成長・生残率が低いために個体群としてのバイオマスの増加がなければ,魚類を生産している場(=成育場)とは見なされない.あるいは,他の空間に比べてバイオマスの増加が大きい空間ほど成育場として高い機能を有していると定義される.我が国では浅海域における魚類の成育場の評価基準として魚類の個体密度が取りあげられるケースが多かったが,現存量の把握だけでは成育場としての機能を正しく評価できないという点はもっともであり,現存量(分布密度,バイオマス)に加えて成長・生残を評価することが重要な要素となっている[10].

生態系内における魚類の生産は,成長によるバイオマスの増加率と死亡による個体数の減少率の積から求めることも可能である[11].一般に,魚類の幼期とは,

一生のうちで成長速度が最も高いいわば「育ちざかり」である．幼稚魚の多くは体長数 cm 以下であり，これらの個体数や体サイズを正確に目視で観察することは容易ではないため，可能な限り正確にバイオマス，成長速度，減耗率を把握する必要がある．魚類の生活史初期は一生のうちで死亡率が最も高い時期であり，仔魚期には生産速度がマイナスとなる場合が多いが，成魚とほぼ同じ体の構造を備える稚魚期には飢餓や被食による死亡率が低下することから，個体群のバイオマスも増加に転じる場合が多い[11]．

好適な生産の場となるための要件としては，生態系内の物理・生物環境と合わせて，幼生の供給や資源への加入・移動がスムーズとなる立地条件も重要である（6 章を参照）．生態系内における生産過程と併せてインプット（幼生の加入）およびアウトプット（漁業資源・再生産への加入）が効率的に達成できなければ，魚類成育場としての機能を発揮できないからである．魚類生産の場としての環境条件（例えば，水温，餌料生物密度，捕食者バイオマスなど）が整っていても，幼生の加入が少なければ生産力は発揮されない．例えば，産卵場から遠く離れているために幼生の供給を受けにくい生態系は，魚類生産の場として貢献しているとは言い難い．さらに，幼稚魚の生息場から漁場への移動が困難な場合は，生産された魚類の漁業資源（資源供給サービス）としての貢献は小さくなる．成育場と漁場・再生産の場との位置関係は魚類生産が資源供給サービスとして価値を発揮するための重要な要素である[10]．

漁獲資源や再生産個体群へいかに効率よく加入したかが，魚類生産を資源供給サービスとして評価する際の尺度となる．そのためには，幼魚期の生息場から漁場・再生産の場への移動の実態把握が必須である．魚類の移動を追跡するためにタグ標識などが広く利用されてきたが，小型個体への標識が困難であること，標識の脱落などの問題が生じていた．組織の標識や分子生物学的手法（遺伝子マーカー）の応用による大量標識が可能となり，個体の行動への影響が軽減されたものの，これらの手法では放流から回収までの間の回遊情報が得られないという問題点も残っている．バイオロギングはこれまで主として大型魚類・海産動物の回遊行動の研究に用いられてきたが，近年では発信器・ロガーの小型・軽量化など手法の革新が進んでいる．大量の個体への装着という課題は残されるものの，回遊履歴を高い時間精度で知ることが可能な点などからも，魚類生

産の定量評価研究の進歩に貢献しうる手法として今後の応用に期待がかかっている[10]．

§3. メバル類を例にした研究事例
3・1　シロメバル1年目の生産へのアマモ場の貢献

　我が国温帯域の浅海域における重要な水産資源であり，藻場の優占種であるメバル属魚類を対象として実施している研究事例を紹介する．瀬戸内海中央部(広島県東部沖：図2・3)には，近年3種として記載されたメバル複合種群（クロメバル *Sebastes ventricosus*，アカメバル *S. inermis*，シロメバル *S. cheni*）[12] が分布するが，これらのうちシロメバルが優占することが外部形態や予備的な遺伝子解析により確かめられている[9, 13]．12～1月をピークとして産仔されたシロメバル仔魚は約50日の浮遊期間を経て2月末～3月上旬頃に全長約20 mm

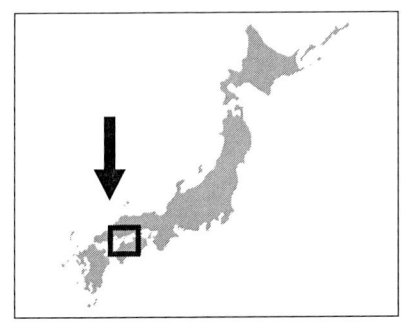

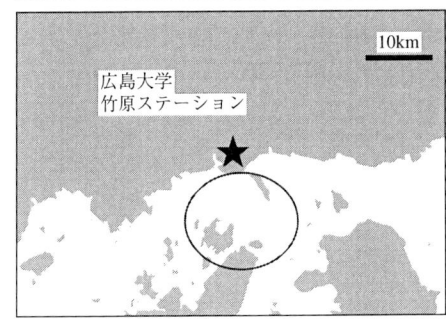 

　図2・3　藻場調査を実施している瀬戸内海中央部（広島県東部，広島大学竹原ステーション沖）の
　　　　　調査エリアおよび採集物中で優占するシロメバル稚魚．

で藻場へと来遊しはじめる.夏期に全長約 60 mm に達するまでの間を藻場で過ごし,冬期には藻場から逸出する.全長約 20〜60 mm の間は藻場への依存度が極めて強い.胃内容物調査の結果では,全長 20〜60 mm の間はカイアシ類を専食することが判明しており,この間のエネルギーのほとんどは藻場とその周辺の限られた空間で摂取されていると想定される.これに対し,1 歳以上(>全長 80 mm)のシロメバルではエビ類,アミ類,ヨコエビ類などの甲殻類が主要な餌料生物となる.夏以降に生じていると考えられるカイアシ類食から甲殻類食への食性移行は,安定同位体比分析の結果でも裏付けられている(図2・4).横軸に炭素安定同位対比,縦軸に窒素安定同位対比をとった図では,全長 20〜60 mm のシロメバル稚魚はこの時期の主食であるカイアシ類(主にカラヌス目,ポエキロストム目)のほぼ真上にプロットされ,植物プランクトン(主に珪藻類)を餌起源とする食物連鎖に依存していることがわかる.これに対し,全長 80 mm 以上のシロメバルではより右側にプロットされ,葉上微細藻類起源の食物連鎖への依存度が高まっていることがうかがえる.

以下はあくまでも概算値であるが,シロメバル仔稚魚が藻場で過ごす 2 月か

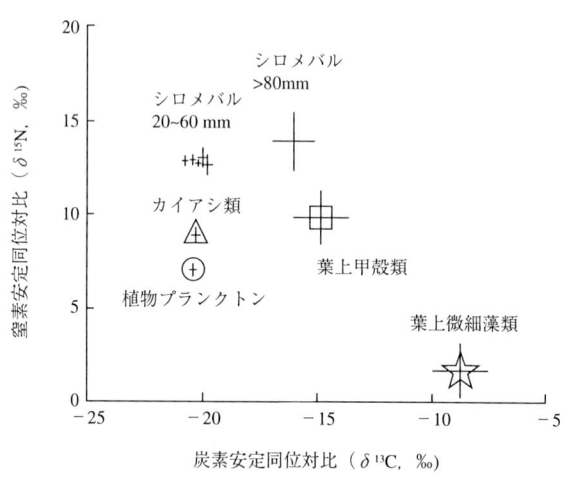

図2・4 広島県東部沖のアマモ場で採集されたシロメバル稚魚(全長 20〜60 mm),1 歳以上のシロメバル(>80 mm),カイアシ類,植物プランクトン,葉上甲殻類,葉上微細藻類の炭素・窒素安定同位体比(バーは標準偏差を示す:Kamimura *et al.*, 投稿中).

ら 8 月を通じて実施した定量サンプリングにより，当海域周辺のアマモ場 100 m^2 で年間およそ 100～500 g のシロメバル稚魚が生産されると推定されている．ここ数年の平均稚魚生産量（140g/100 m^2：上村ら，未発表）を参考データとして，ここへ単純にメバル類種苗の取引価格（全長 40～50 mm で体重約 1g：50 円）を代入すると，年間で 1 ha 当たり約 70 万円の当歳魚生産額となる．しかもこれらシロメバル当歳魚の生産の多くは，藻場とその周辺における植物プランクトンを起源とする食物連鎖のうえに成り立っている（藻場生態系の生態系サービス）と考えられる．しかし実際にシロメバルが漁獲されるのは主に 2 歳以上であるため，稚魚期以降の死亡率を加味して資源加入段階での経済的価値を見積もる必要がある．漁獲物の年齢組成をもとに推定した死亡率から天然海域での資源尾数を概算し市場価格（約 1,000 円/kg）を加味した場合，シロメバル 2 歳魚の生産額は年間で約 80 万円/ha と見積もられた．しかしながらこれらの数値はあくまでもごく限られた藻場での推定値を引き延ばした値であり，今後様々な環境・地域の藻場における推定値をもとにより正確な試算をする必要がある．

3・2 魚食性魚類の摂餌場としてのアマモ場

古くから藻場は「ゆりかご」と呼ばれ，稚魚の摂餌場，被食シェルターとして高い機能を有する生態系として位置づけられてきた．植生のない周辺の生態系に比べて魚類の個体密度が高いことがその根拠としてあげられてきたが[14, 15]，魚類生産に実際にどの程度寄与しているかを判断するための成長・生残の検討は殆どなされてこなかったことは先述した．筆者らは，稚魚の被食実態を調べるために，瀬戸内海中央部の藻場において夜間にも調査を実施しているが，そのなかで，日中に比べて夜間にはより多くの捕食者（魚食性魚類）が藻場へ来遊し捕食活動を行っていることが明らかとなった．つまり，比較的短い時間スケールで移動する魚類によって藻場が栄養獲得の場として利用されているが，来遊時間帯が夜間であるためにこれまで殆ど注目されてこなかった．ここでは，藻場が稚魚の「ゆりかご」=生産の場として機能する一方で，魚食性魚類の摂餌場・エネルギー獲得の場としても魚類生産に貢献しているとの視点から，最近の知見を紹介する．

広島県東部のアマモ場（水深 2 m 以浅）において夏期に実施した昼夜採集では，日中と夜間に採集されるメバル属魚類の体長組成が大きく異なった（図 2・5）．日中には全長 60～70 mm の当歳魚が大部分を占めたのに対し，夜間には全長

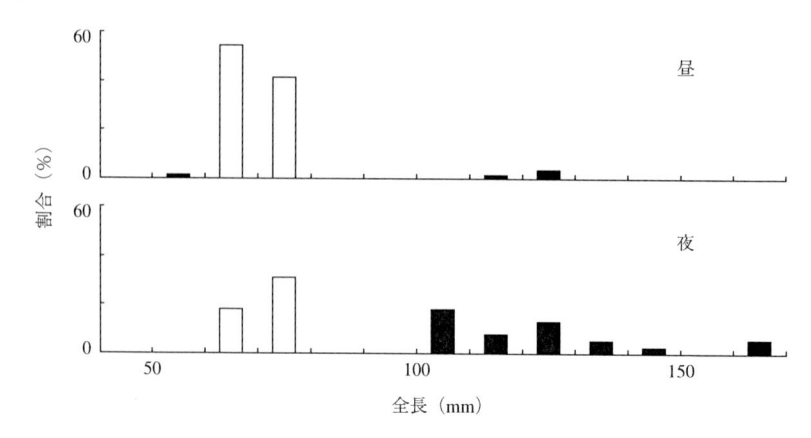

図2・5 広島県東部沖のアマモ場で採集されたシロメバル（白抜き）および
アカメバル（黒塗り）の体長組成の昼夜比較．
夜間には1歳以上のアカメバルの割合が多くなる（小路[13]を改変）．

100 mm 以上（1歳以上）が半数以上を占めた．これら大型のメバル属のほとんどはアカメバルであった．さらに，アカメバル以外には，季節によってマアナゴ，クロソイ，シロメバル，クロメバルなどが夜間に多く出現することが明らかとなっている．これら大型魚類の胃内容物を調査した結果，アカメバル，マアナゴの胃内容物中にシロメバル稚魚が認められた．さらに現存するシロメバル個体密度との比率から，春期には1日当たり約5〜10％のシロメバル稚魚がこれら魚食性魚類によって捕食されている可能性が示唆された．但し，捕食者の胃から検出されるシロメバル稚魚はいずれも浮遊生活期から藻場生活期への移行直後の全長約20 mm の個体であることから，アマモ場に生息するシロメバル仔稚魚のうち藻場来遊直後で体長の小さい個体が集中的に捕食される体長選択的被食が生じているようである．これまでのところ体長がこれらより大きい個体の被食が観察される事例は少ないことから，藻場来遊から時間の経過に伴ってシロメバル仔稚魚の被食死亡率は相対的に低下してゆくものと推察される（木下ら，投稿中）．

　以上の結果は，いくつかの示唆を含んでいる．第1に，稚魚にとって安全な「ゆりかご」と考えられてきた藻場が，夜間には捕食者の摂餌場となっていることである．このことは，藻場が捕食者のエネルギー獲得に貢献しており，間接的に資源供給サービスを提供していることを示すものである．第2に，捕食魚類が複

数の生態系を利用していることである．日中には出現しなかったこれらの魚類は，藻場とは異なる生態系に日中は生息し，夜間に来遊する藻場から多くのエネルギーを獲得しているものと推察される．

当海域で近年実施しているバイオロギングと胃内容物解析の結果により，アカメバル成魚が日中には藻場近傍の岩礁域で過ごし，夜間に藻場を訪れて捕食活動を行っていることが明らかになりつつある（渡邊ら，未発表）．行動解析と生物調査の併用により，今後さらに多くの魚種や海域において，昼夜や季節を通じた魚類の回遊・摂餌パターンが明らかにされ，藻場が魚類生産に貢献する仕組みが多様であるとの認識が広まってゆくことを期待したい．

§4. これからの魚類生産研究

生態系に備わった機能のうち人類が享受できる価値の部分を示す「生態系サービス」は，各生態系の重要性を定量的に評価するために必須の尺度である．地球上の生態系ごとの経済価値を算出した研究[16]によると，熱帯雨林（0.2万ドル/ha/年）をはじめとする陸域や淡水域（湖・川：0.8万ドル/ha/年）に比べて浅海域（河口・内湾域，藻場など）の生態系サービスの価値ははるかに高く，全生態系でトップクラス（約2万ドル/ha/年）である（図2・6）．しかしながら，その推定値には生産の主要構成要素である魚類生産がほとんど含まれておらず，水質浄化や窒素固定などの調整サービスが主要な要素となっている（詳しくは1

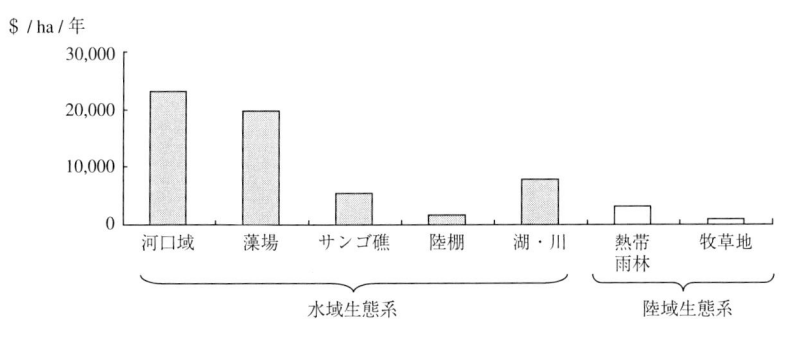

図2・6 地球上の各生態系の生態系サービスの経済的価値の比較（Costanza et al.[16]をもとに作成）．河口域や藻場などの浅海域の生態系サービスの経済的価値は全生態系のなかでトップクラスである．

章を参照).これには,一次生産者や動物プランクトン・ベントス類に比べ移動能力が高い魚類の生産過程の定量評価が困難であることも影響している.

先述のシロメバル生産額の推定にみられたとおり,資源供給サービスとして重要な魚類生産を加味した場合, Costanza et al.[16] が推定した藻場の生態系サービスの経済的価値は大幅に高まることが予想される.シロメバル以外にも魚類は多種存在するため,これらを全て含めるとさらに大きな値になるであろう.各生態系における生態系サービスの未評価部分を補完し,生態系サービスを総合的・包括的に評価するためには魚類生産の定量評価は必須である.そのためには生活史(とくに食物連鎖を通じたエネルギーフロー)と生産機構の解明・定量評価が魚種ごと,生態系ごとに進展することに期待がかかる.

一般に魚類は移動性の生物であることから,短・長期的時間スケールで複数の生態系を利用することを考慮したうえで,生活史・発育段階,日周期に対応した生息圏利用・摂餌活動パターンを把握し,複数の生態系を含むエリア全体の魚類生産に対して個々の各生態系がどれほどの魚類生産を産みだしているかという貢献度を定量的に把握することが今後の課題である.そのためには,そもそも魚類の生産には複数の生態系が寄与していることに対する理解を深めることと,従来のフィールドワークに先述のような安定同位体比や微量元素分析,行動解析などの手法の応用が不可欠であろう.

文献

1) 岡市友利,小森星児,中西 弘編.「瀬戸内海の生物資源と環境―その将来のために―」恒星社厚生閣.1996.
2) 青山恒雄.有明海の流動と漁業.沿岸海洋研究ノート 1977;14:36-41.
3) 大森迪夫.油谷湾における底生魚類相の時空間変動.西水研報 1984;61:235-244.
4) Yamashita Y, Otake T, Yamada H. Relative contributions from exposed inshore and estuarine nursery grounds to the recruitment of stone flounder, *Platichthys bicoloratus*, estimated using otolith Sr: Ca ratios. *Fish. Oceanogr.* 2000;9:316-327.
5) Plaza G, Katayama S, Kimura K, Omori M. Classification of juvenile black rockfish, *Sebastes inermis*, into *Zostera* and *Sargassum* beds using the macrostructure and chemistry of otoliths. *Mar. Biol.* 2004;145:1243-1255.
6) Suzuki KW, Kasai A, Ohta T, Nakayama K, Tanaka M. Migration of Japanese temperate bass *Lateolabrax japonicus* juveniles within the Chikugo River estuary revealed by δ -13-C analysis. *Mar. Ecol. Prog. Ser.* 2008;358:245-256.
7) Nakamura Y, Horinouchi M, Shibuno T, Tanaka Y, Miyajima T, Koike I, Kurokura H,

Sano M. Evidence of ontogenetic migration from mangroves to coral reefs by black-tail snapper *Lutjanus fulvus*: stable isotope approach. *Mar. Ecol. Prog. Ser.* 2008 ; 355 : 257-266.

8) Fuse S. The animal community in the *Zostera* belt. *Physiol. Ecol.* 1962 ; 11 : 1-12.

9) Kamimura Y, Shoji J. Seasonal changes in the fish assemblage and early growth of the dominant species in a mixed vegetation area of seagrass and macroalgae in the central Seto Inland Sea, *Aquaculture Sci.* 2009 ; 7 : 233-241.

10) Beck MW, Heck KL, Able KW, Childers DL, Eggleston DB, Gillanders BM, Halpern B, Hays CG, Hoshino K, Minello TJ, Orth RJ, Sheridan PF, Weinstein MP. The identification, conservation, and management of estuarine and marine nurseries for fish and invertebrates. *BioScience,* 2001 ; 51 : 633-641.

11) Houde ED. Evaluating stage-specific survival during the early life of fish. In: Watanabe Y, Yamashita Y, Oozeki Y (eds). *Survival Strategies in Early Life Stages of Marine Resources.* A. A. Balkema. 1996 ; 51-66.

12) Kai Y, Nakabo T. Taxonomic review of the Sebastes inermis species complex (Scorpaeniformes: Scorpaenidae). *Ichthyol. Res.* 2008 ; 55 : 238-259.

13) 小路 淳.「藻場とさかな―魚類生産学入門―」成山堂書店. 2009.

14) Adams SM. The ecology of eelgrass, *Zostera marina* (L.), fish communities. I. Structural analysis. *J. Exp. Mar. Biol. Ecol.* 1976 ; 22 : 269-291.

15) Sogard SM. Colonization of artificial seagrass by fishes in different estuarine habitats. *Mar. Ecol. Prog. Ser.* 1992 ; 85 : 35-53.

16) Costanza R, d'Arge R, de Groot R, Faber S, Grasso M, Hannon B, Limburg K, Naeem S, O'Neil RV, Paruelo J, Raskin RG, Sutton P, van den Belt M. The values of the world's ecosystem services and natural capital. *Nature* 1997 ; 387 : 253-260.

3章　無脊椎動物資源からみた生態系サービス

千葉　晋[*1]・河村知彦[*2]

　本章では，浅海域に生息する海産無脊椎動物が漁業生産として人類に提供する生態系サービスに焦点を当て，それらを定量的に算出するための研究の現状を整理する．なお，海産無脊椎動物の提供する生態系サービスは，濾過食性の二枚貝類による水質浄化（調節サービス）など，漁業生産以外にも多岐にわたるが，本章では漁業資源としての供給サービスを中心に論議する．

　浅海域に生息する無脊椎動物には多様な分類群が含まれるが，日本で資源として利用されているのは主に貝類，頭足類（いずれも軟体動物），甲殻類（節足動物），ウニ・ナマコ類（棘皮動物）などである．いずれも岩礁域，砂浜域，干潟域，サンゴ礁域，マングローブ域など多くの生態系において主要な構成生物群となっている．ホタテガイ，マガキ，アコヤガイなどの貝類や，クルマエビ類などの甲殻類，ホヤ類などでは，大規模な養殖が行われている．多くの種については，食料として利用するために漁獲や養殖が行われているが，貝類では石灰質の堅い貝殻も装飾品，日用品，玩具などとして用いられている．アコヤガイなどが作る真珠は，装身具として人気が高い．海綿類は，古くからスポンジとして利用されてきたが，近年になって非常に多くの生理活性物質を含有することが知られるようになり，新たな医薬品素材として注目されている．また，砂浜や干潟に生息する二枚貝は潮干狩りの対象となっているが，潮干狩りは漁業者ではない市民による食料の確保という役割以上に，娯楽としての価値が高い．

　貝類，イカ・タコ類（頭足類），エビ・カニ類（甲殻類）といった海産無脊椎動物は，魚類とともに日本人の食卓には欠かせない食材である．沿岸で簡単に漁獲できる種も多く，太古の昔から日本人の重要なタンパク源となってきた．分類群や種によって異なる栄養素を含むため，多様な種を食することが日本人の健康維持に役立ってきたと考えられる．

[*1] 東京農業大学生物産業学部
[*2] 東京大学大気海洋研究所

§1. 漁業生産としての生態系サービス

主要な漁獲対象となっている種については，それらが漁業資源として我々人類に提供する生態系サービスの経済的価値を漁獲統計などから算出することができる[1]．2008年の日本の総漁業生産額は約1兆6,275億円であり，そのうちの11.0％（約1,785億円）を貝類（真珠の養殖生産額0.9％を含む）が，6.6％（1,070億円）を頭足類が，4.4％（719億円）を甲殻類が占めている．貝類では海面漁業（総額約847億円）と海面養殖業（約868億円）の生産額がほとんどを占める．海面漁業ではホタテガイの生産額が圧倒的に高く367億円，次いでアサリ類138億円，アワビ類99億円，サザエ56億円となっている．生産額ではこれらの数種類で8割近くを占めるが，漁獲対象種の数はきわめて多く，地域的にも異なる．また，海面養殖業では，ホタテガイ396億円，カキ類315億円，真珠145億円がその大半を占める．頭足類の生産額は全て海面漁業によるものであるが，特にスルメイカの生産額が439億円と高い．甲殻類では，海面漁業が628億円と多くを占めるが，そのうち生産額の高い種は，ズワイガニ112億円，イセエビ56億円，ベニズワイガニ55億円，ガザミ類35億円，クルマエビ34億円，オキアミ類20億円である．頭足類，甲殻類についても，海面漁業の対象種は非常に多く，季節や地域によっても異なっている．なお，養殖には様々な形態が存在し，それらの全てが生態系サービスと見なせるわけではない．例えば，陸上の施設で完全な人工環境下で行われている養殖業の場合には生態系サービスではない．しかし，生け簀を用いた海面養殖などでは，多かれ少なかれ生態系機能を利用しているため，生産の少なくとも一部は生態系サービス（供給サービス）と言える．特に，ホタテガイやカキ類，真珠の養殖などでは通常給餌も行われておらず，それらの生産の大半は生態系サービスと見なすことができる．

一方，漁獲統計には反映されない地域的な漁獲や漁業者による自家消費，潮干狩りなどの漁業者以外による採集などについては，直接的な生態系サービス（供給サービス）でありながら，また，漁獲統計に現れる漁業生産に匹敵する場合も考えられるが，金額として算出することは現状では難しく，試算事例もほとんどない．

漁業生産額が大きく，現時点での商業的価値が高い無脊椎動物の種類はある

程度限定されるが，漁獲対象種の地域や季節による多様性は非常に高い．また，その多くがごく浅い沿岸で漁獲され，漁獲にかかるコストは沖合で漁獲される種に比べて低い．現在は漁獲の対象となっていない未利用資源も数多く存在すると考えられる．これらのことから，今後の日本において，食料自給率を上げ，安定的に多様な食材を確保するために，海産無脊椎動物資源の役割はますます重要になると予想される．

§2. 資源生物の生息場環境が有する供給サービス

上記のような無脊椎動物資源の生産は，餌料をはじめとする生息場の様々な環境に支えられている．生息場や餌料は動物種によって異なり，また，しばしば成長段階によっても変化する．筆者の一人（河村）が研究対象とするアワビ類（貝類）を例に見てみよう．アワビ類は一生の大半を浅海の岩礁海底で過ごすが，孵化直後に浮遊幼生期をもつ[2]．浮遊幼生が海底に着底・変態可能となるまでに必要な期間は数日に過ぎないが，幼生の遊泳能力は低く，この間にも海流に流されて分散するため，生まれ出た親貝の生息場からは離れた場所に運ばれる可能性がある．また，浮遊幼生は，殻状の紅藻類である無節サンゴモ類に選択的に着底するが，無節サンゴモに遭遇できなければ浮遊期間を数週間まで延長する[3]．そのような場合，幼生はさらに遠く離れた場所に輸送されるかもしれない．浮遊幼生が着底・変態可能な期間中に浅海の岩礁域に到達し，さらにそこで無節サンゴモに出会うことができれば，そこに着底して底生生活に移行できるが，そうでなければ無効分散になってしまう．したがって，親貝の生息場およびその周辺における流動環境や幼生の輸送先における海底環境は，産み出された幼生が稚貝となって資源に加入できるかどうかを決定する重要な要因となる．すなわち，浮遊幼生を好適な着底場に輸送する流動環境は，それ自体が生態系サービス（基盤サービス）を提供すると言える．アワビ類幼生の浮遊期間は比較的短く，また，幼生は浮遊期間中に摂餌を行わないが，イセエビ（甲殻類）のように，非常に長い浮遊期をもち，浮遊期間中に幼生が摂餌を行って成長する生物の場合には，浮遊期間中における流動環境や餌料環境がそれらの生残や沿岸の成育場への加入にさらに大きな影響を及ぼすと考えられる[4]．

アワビ類稚貝は，無節サンゴモ上に着底し，変態した後，少なくとも数ヶ月

間は無節サンゴモ上に生息する．稚貝は，変態直後から無節サンゴモ上に付着する珪藻や海藻幼芽を餌料にして成長し，殻長 2〜3 cm の頃から徐々に大型海藻の藻体を主餌料とするようになる[5]．食性の変化とともに生息場も無節サンゴモ上から大型海藻群落内へと移行し，それに伴って餌料を巡り競合する種や捕食者など，同所的に生息する他の生物種との種間関係も変化する．したがって，アワビ類の良好な生残，成長のためには，浮遊幼生の着底場となる無節サンゴモ群落上とその周囲に，着底後の各成長段階に必要な餌料および生息場が整っている必要がある．また，各成長段階における生残，成長は，競合者や捕食者の生息量に大きな影響を受けると考えられる．したがって，漁業資源となるアワビ類の生産には，アワビ類稚貝の生息場における生物種組成が稚貝の生残，成長を著しく阻害するものではないことが条件となる．

　さらに，次世代を再生産するために必要な条件も考えられる．アワビ類は雌雄異体で，放卵放精型の繁殖を行う．雌雄は何らかの外部環境要因の変化をトリガーとして放卵，放精を同期させるが[6]，放卵放精時における雌雄間の距離が受精率に大きな影響を及ぼす．したがって，放卵放精時に雌雄がある程度密集して分布することが受精の成功に不可欠な要素と考えられる．産卵期に繁殖個体が蝟集する可能性も考えられるが，蝟集する性質をもたない種の場合には，密集した親個体群の存在が次世代の生産にきわめて重要である[2]．

　大規模な養殖が行われている無脊椎動物の多く（例えばマガキ，ホタテガイなどの貝類，ホヤ類など）は濾過食性であるため，特別な給餌は通常行われない．したがって，このような養殖対象種の生産は，餌料となる天然の動植物プランクトンの生産に完全に依存しており，好適な餌料生物が自然に生産される養殖場の環境を必要とする．もちろん，水温や塩分，流速など，餌料以外の環境についても，養殖対象種の生残，成長に好適でなければならず，それらが損なわれれば養殖生産は成立しない．

　このように，漁業資源となる無脊椎動物の生産は，それぞれの動物種について，成長段階ごとの生息場や餌料，一定の生残，成長を保証する生物種組成などの生態系構造の上に成り立っている．資源生物が漁獲時に生息する「漁場」が単に存在すればいいわけではなく，それぞれの生物種の成長段階ごとに特有の微生息場（マイクロハビタット）と好適な生息環境が必要であり，それらが失わ

れれば漁業生産も消失することになる．すなわち，それらのマイクロハビタットや好適生息環境自体が間接的に供給サービスを提供すると言える．アワビ類の着底場であり，初期の成育場となっている無節サンゴモ類は，何らかの要因で大型海藻が消失した，いわゆる「磯焼け」の状態で優占することが知られ，また，多くの植食動物に対する餌料価値が低いため，人間にとっての価値は低いと考えられていた．しかし，無節サンゴモ類はアワビ類やウニ類など重要な漁獲対象種の初期成育場として不可欠な海藻群落であることが明らかになり，それらの生産を支える場として非常に価値が高い，すなわち重要な供給サービスを提供していることがわかってきた．東南アジアで大規模な養殖が行われているクルマエビ類の多くは，生活史の初期にマングローブ域を生息場として利用している．浮遊幼生がマングローブの根元に着底し，そこでしばらく成長した後に，沖の砂泥底に分散していくのである．したがって，マングローブの根元はクルマエビ類の生活史初期における不可欠なマイクロハビタットであるが，そのマングローブを伐採してクルマエビ類の養殖池が造られている[7]．

上記のクルマエビ類の例は，エビの生態に関する無知が引き起こした愚行の典型であるが，クルマエビ類のような重要な漁獲対象種であっても，多くの動物種について，成長段階ごとの生息場や餌料などの生産を支える仕組みや再生産の機構が明らかになっていないものは多い．今後，それらが明らかとなれば，上記の無節サンゴモ群落のように，これまで認識されていなかった生物や環境が重要な生態系サービスを提供していることが，少なからず明らかになることが期待される．

§3．他の資源生物の餌料としての生態系サービス

小型の無脊椎動物は，漁獲対象となる魚類や他の肉食性大型無脊椎動物の餌料となっている場合も多い．特に，小型種や，大型種の稚仔は，多くの水産動物にとって様々な成長段階における主要餌料となっている可能性がある．相模湾長井地先の岩礁海底を例に見ると，主要な漁獲対象となっている無脊椎動物は4種のアワビ類とサザエ，アカウニ，アオリイカなどに限られるが，それ以外にも多種多様な無脊椎動物が生息している．特に，アワビ類の初期生息場である無節サンゴモ類や，サザエの初期生息場[8]となる有節サンゴモ類，テング

サ類などの小型紅藻群落内には，非常に多くの無脊椎動物が生息している．2005～2009年の調査結果では，上記小型紅藻群落内（無節サンゴモ類，有節サンゴモ類，テングサ類）における無脊椎動物（体サイズ 3 mm 以上）の個体数密度がそれぞれ約 100～300 個体 /m^2，400～1,200 個体 /m^2，300～1,400 個体 /m^2 であった[9]．その半数以上が貝類であり，次いで甲殻類，ウニ類が多かった．体サイズが 3 mm 未満の動物も非常に多く見られたため，貝類については貝殻の大きさが 0.2 mm 以上のものを全て採集，分析した．その結果，それぞれの小型紅藻群落内から 53 種，55 種，50 種（いずれも種または複数種を含むグループ）の貝類が確認された．それらの個体数密度は季節により変動したが，それぞれの群落内における貝類の総個体数密度は，約 500～5,000 個体 /m^2，4,000～21,000 個体 /m^2，9,000～35,000 個体 /m^2 の範囲にあった．これらの多くは成貝の大きさが 3 mm 以下の小型種，または大型種の稚貝であった（早川ら，未発表）．甲殻類についても現在，同様の詳細な調査を行っているが，2007年から 2009 年の調査期間中に，無節サンゴモ，有節サンゴモ，テングサ群落内からそれぞれ 16，27，24 種（いずれも種または複数種を含むグループ）が採集された．また，それらの個体数密度はいずれの小型紅藻群落内においても 100～400 個体 /m^2 ほどであった（大土ら，未発表）．沿岸の海藻群落内には，これまで考えられていたよりもはるかに多様な小型の無脊椎動物が高密度に生息しているものと考えられる．

　貝類や甲殻類の成体の密度は稚仔の密度に比べればはるかに低く，生活史初期の生残率は非常に低いものと考えられる．それらの多くは，漁獲対象種を含む他の動物種に捕食されている可能性が高い．成体の大きさそのものが小さい種についても，魚類や他の肉食性無脊椎動物の餌料になっていると考えられる．これら小型の無脊椎動物の間接的な漁業生産への貢献については，これまではとんど考慮されていない．それどころか，このような小型の無脊椎動物の個体群動態に関する研究例はきわめて少なく，どこにどのような種が，どの程度存在するのかさえ明らかにされていない．供給サービスを生み出す漁獲対象種の生産に不可欠な餌生物の多様性や生物生産は，その生態系がもつ重要な基盤サービスである．このような無脊椎動物による基盤サービスを定量的に評価するためには，まず第 1 に，それぞれの生態系において，小型種も含めた無脊椎動物

各種の生態やそれらの生態系における役割に関する基本的な情報を集積する必要がある．

それ自体が漁業対象となり，直接的に供給サービスを提供している無脊椎動物の中には，より高次の漁業対象種の餌料となるものが少なからず存在すると考えられる．本章§5．では，基盤サービスのうち，供給サービスの提供に深く貢献する部分を間接的供給サービスと定義し，北海道東部のホッカイエビを例に，直接的供給サービスに加えて間接的供給サービスについての定量化を試みた．

§4. 漁業行為による生態系サービスの低下

無脊椎動物資源に対する漁業行為が，他の生態系サービスを低下させる可能性も考えられる．特定の種のみを大量に漁獲する行為は，底生生物群集の構造を変化させ，結果的に多くの生態系サービスを，特に現時点では十分に認識されていない間接的生態系サービスを低下させるかもしれない．特定の種を対象とする漁業行為により，本来漁獲対象にはならない他の生物種が混獲される可能性もある．特に，底曳網の影響は深刻であり，混獲以外にも，底質の攪乱，底層化学条件の変化，海底面の平滑化など生態系に対して様々な負の影響を及ぼすことが知られている[10]．これは，東南アジアにおけるエビ底曳について特に詳しく調べられており，混獲と海洋投棄が深刻な問題とされている[7]．この問題については日本ではこれまであまり議論されていないが，後述するホッカイエビの例ではこの問題についても考察する．

日本では，浅海域で漁獲対象になっている種の多くについて，人工的に飼育した種苗を漁場に大量に放流する事業が行われている．このような種苗放流事業は，漁獲などによる資源の減少を補い，さらに漁獲量の増加，安定化をはかる，すなわち供給サービスの向上を目的としている．しかし，特定の種を高密度に放流する行為では，特に本来は個体数の少ない種，例えば栄養段階の高い肉食動物などの高密度放流は，生物群集構造を大きく改変し，その生態系のもつ他の生態系サービス機能を損なう可能性がある．

内湾域における大規模な養殖事業では，養殖される動物自体やそれらに与える餌料によって，海水中の溶存酸素量の低下や富栄養化が引き起こされる場合があり，周囲の生態系に悪影響を及ぼす．養殖施設の物理的構造が海水流動を変化

させ，生態系に影響を及ぼすことも考えられる．このような漁業行為による生態系サービスの低下については，現在はほとんど考慮されていないが，今後は定量的に評価する必要があろう．

§5. ホッカイエビ漁業がもたらす生態系サービスを考える

ここでは，筆者の一人（千葉）が研究対象とする十脚目甲殻類ホッカイエビ *Pandalus latirostris* について，生態系サービスの定量化および本種の漁業生産と他の生態系サービスとのコンフリクトに関して具体的な検証と考察を行う．

5・1 ホッカイエビがもたらす供給サービス

甲殻類では，各漁場において単一種のみが漁獲されることが多く，漁場ごとの甲殻類生産量データを供給サービスの概算にそのまま利用できることは少なくない．また，それぞれの漁場においてより高次の漁獲対象種が，捕食-被食関係によってその甲殻類の存在に依存している場合が多い．

捕食-被食関係に基づく甲殻類 i の供給サービス（P_i）は以下の式で表される．

$$P_i = Y_i + \sum f_j (Y_{fish_j}^{direct}) + \sum g_j (Y_{fish_j}^{indirect}) \tag{1}$$

ここで，Y_i は甲殻類 i の漁獲生産量，$f_j (Y_{fish_j}^{direct})$ は甲殻類 i を直接捕食している割合から算出される有用魚類 j の漁獲生産量を意味する．さらに，$g_j (Y_{fish_j}^{indirect})$ は有用魚類 j の餌生物が甲殻類 i を捕食している割合から算出される有用魚類 j の漁獲生産量である．つまり，(1)式の第1項は甲殻類 i による直接的な供給サービスであり，第2項および第3項は，基盤サービスのうち，供給サービスに深く関与する間接的供給サービスと言える．後者に関しては，有用魚類 j やその餌生物の甲殻類 i への依存度，すなわち甲殻類 i に対するそれらの捕食割合をどのように評価するかが重要である．

(1) 式を前提に，北海道東部の能取湖（海跡湖）におけるホッカイエビの供給サービスの定量化を試みる．本種は，ホッコクアカエビ *P. eous*（甘えび，南蛮えび）などと同じ寒海性のタラバエビ属のエビで，北海しまえびという商品名で流通しており，雄から雌へ性転換するなど，基本的な生活史には同属多種と類似点が多い[11]．能取湖では，西網走漁業協同組合が本種の漁獲管理を徹底しており[12]，漁協が提供する本種の漁業生産額は，実際の漁獲高に近い信頼できる値である．また，能取湖は半閉鎖的であり，かつ藻場が湖外とは不連続であるた

め，藻場に生息する動物による湖外との往来（移出入）は乏しい．したがって，ホッカイエビを含む藻場内の動物の漁獲量は，ほぼ能取湖個体群に由来すると仮定できる．

2006～2009年について，毎年の漁期後に計算されている本種の水揚げ額の平均値を求めたところ，71,841,484円/年であった．これが（1）式におけるY_iとなり，本種の直接的な供給サービスである．次に，間接的な供給サービスを推算するために，能取湖で漁獲されているそれぞれの魚種のホッカイエビへの依存度を評価する必要がある．ここで依存度を捕食－被食関係のみから考えると，（1）式の間接的な供給サービスのうち，第2項，および第3項はそれぞれ以下のように表わされる．

$$f_j\left(Y_{fish_j}^{direct}\right) = Y_j \times C_j \times D_{ja} \tag{2}$$

$$g_j\left(Y_{fish_j}^{indirect}\right) = Y_j \times C_j \times D_{jk} \times C_k \times D_{ka} \tag{3}$$

ここでY_jは魚類jの漁業生産額であり，（2）式のC_jは魚類jの捕食率，D_{ja}は魚類jの捕食重量の中に占めるホッカイエビ（a）の重量の割合を示している．また，（3）式のD_{jk}は魚類jの捕食重量の中に占める魚類kの重量の割合である．この魚類kがホッカイエビを捕食している場合，C_kを魚類kの捕食率，D_{ka}を魚類kの捕食重量の中に占めるホッカイエビの重量の割合とし，それぞれを（3）式に含める．

この計算のために，2006～2010年の6～10月にかけて，能取湖の海草藻場においてソリネット（目合い3 mm，間口1.5×0.5 m）で採集された魚類16種277個体の胃内容物を観察し，捕食－被食関係を調べた．この調査では，ホッカイエビは18種中9種の魚類に捕食されていた（図3・1）．ここには含めなかったが，孵化後まもない個体は他の複数の魚類にも捕食されており，能取湖の海草藻場に生息するほとんどの魚種がホッカイエビを餌として利用することがうかがえる．ホッカイエビを捕食していた魚類のうち，主たる有用種は，クロガシラガレイ，クロガレイ，およびコマイであった．これらの魚種は，調査期間を通して採集されており，基本的に藻場あるいは周辺において定住性の高い魚種と考えられる．

魚種ごとの漁業生産額に関しては，西網走漁業協同組合の生産報告をもとに計算した．2006～2009年までのクロガシラガレイおよびクロガレイを合算した

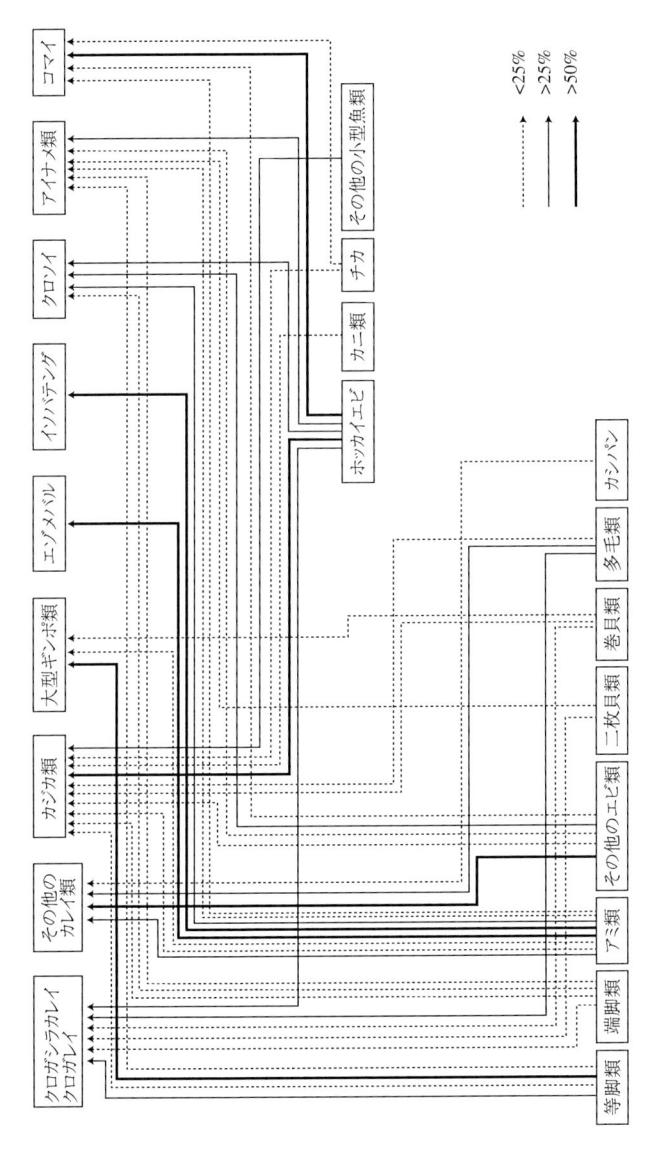

3章 無脊椎動物資源からみた生態系サービス 47

図3・1 能取湖の海草藻場における捕食－被食関係．
それぞれの矢印は被食者から捕食者へのエネルギーの流れを意味し，線の種類は捕食率と胃内容物の出現頻度の積（詳細は本文参照）の大きさを示している．最上位捕食者のうち，その他のカレイ類はトウガレイ，マガレイ，スナガレイ，カジカ類はシモフリカジカ，ギスカジカ，アイヌカジカ，大型ギンポ類はムロランギンポ，ニシキギンポ，フサギンポ，アイナメ類はアイナメ，スジアイナメ，クジメから構成される．

平均生産額は 12,930,726 円/年であった．（2）式からこの生産額にホッカイエビが貢献している額を求めたところ，約 45％に当たる 5,825,228 円/年となった．コマイに関しては，その生産額 1,540,811 円のうち約 75％に当たる 1,150,193 円がホッカイエビの貢献額と推算された．したがって，本種の間接的な供給サービスは 6,975,421 円となり，（1）式からホッカイエビの供給サービスの総額は 78,816,905 円/年と計算された．ホッカイエビの単価が他魚種と比べて極端に高いため，間接的な供給サービス額は直接的な供給サービス額と比べて相対的に低いが，能取湖という小海域ではこの額は大きな意味をもつ．

　この定量には多くの仮定が含まれているため，得られた値は必ずしも正確なものとは言えない．特に，上記の計算では魚種の生態的特性を単純化しているが，捕食魚類 j によるホッカイエビへの依存度は，昼夜や季節，あるいは体サイズなどによって大きく変化するだろう[13, 14]．また，ホッカイエビは魚類 j の餌生物として寄与する一方で，魚類 j と同じ餌を巡る競争関係にあるかもしれない．この場合，ホッカイエビは魚類 j へ競争者としての負荷も与えていることになるため，厳密には（1）式からその負荷相当の価値を引くべきである．したがって，ここで定量した供給サービスは概算値にすぎず，今後，様々な条件を加味して仮定を取り除く努力を行う余地は多分にある．また同時に，生態系におけるそれぞれの生物現存量や種間関係は常に変化していると考えられ，被食－捕食関係を定常的に扱うことにも注意が必要である．生態系サービスの定量の目的が生物間相互作用に経済的価値を見出すことならば，本事例のような単純な概算でも十分と思われるが，得られた値の扱いは慎重にすべきである．

5・2　ホッカイエビ漁業と他の生態系サービスとのコンフリクト

　ホッカイエビの生態的特性からみると，個体群間の移出入は乏しいと考えられる．したがって，不適切な漁業計画は個体群の資源崩壊に直結しやすく，一度崩壊した資源は回復しにくい．すなわち，漁獲という人為的でかつ大きな死亡要因が，ホッカイエビ個体群の持続可能性に影響しやすいと考えられる．そこでここでは，個体群ごとに異なるホッカイエビの漁法に注目し，ホッカイエビ漁業と他の生態系サービスとのコンフリクトについて検討する．

　北海道におけるホッカイエビ漁業では，基本的にかご漁法が採用されているが，野付湾（北海道別海町）では，打瀬船（うたせぶね）と呼ばれる帆船を用

いた底曳網漁が行われている．かごと底曳網という漁法の違いが，ホッカイエビの個体群はもちろん，生態系全体にも異なる影響を与えている可能性は高い．例えば，目合い約 20 mm のかご漁業が採用されている能取湖では，図 3・1 に示した魚類のうちカレイ類を除く 11 種，加えて甲殻類 4 種，貝類 1 種が混獲されやすい．しかし，それらの重量割合は全漁獲重量の約 2％にすぎない（千葉，未発表）．一方，野付湾における底曳網の場合，混獲されるのは魚類 27 種，十脚目甲殻類 8 種である（千葉，未発表）．野付湾の魚類および甲殻類の種組成は能取湖とよく似ており，種数もわずかに多い程度で[15]，少なくとも種数からみる混獲率は底曳網の方が高いと言える．底曳網による漁獲物重量に占める混獲率は計算されていないが，能取湖において底曳網の 1 つであるソリネット（目合い 3 mm，間口 1.5 × 0.5 m）を使用した場合，混獲率は約 30％とかごの 15 倍に及ぶ（千葉，未発表）．打瀬船漁で用いられる底曳網の目合いは約 30 mm であり，ソリネットより大きいが，曳網時には網目が変形して小さくなり，かつ海草などによる目詰まりを起こすこと[16]，加えて間口の大きさ（約 5.0 × 1.5 m）から推定される採集効率の上昇を考えれば，混獲率はソリネットの値と大きく変わらないだろう．

　また，水島ら[16] は，野付湾において，かごと底曳網によって漁獲されたホッカイエビの体長頻度組成を比較している．その報告によれば，かごの場合，漁獲物中に占める出荷対象外（調査当時は体長 83 mm 未満）の個体の割合は，1983 年 10 月調査時には 4.5％，1984 年 7 月調査時には 0.4％であったのに対し，底曳網の場合は，それぞれ 68.6％，64.9％と半数以上を占めていた（図 3・2）．野付湾の漁業者はこの問題を軽視しておらず，出荷対象外の個体を速やかに放流するため，これがそのまま海洋投棄に該当するわけではない．しかし，網内での圧迫や船上での選別作業によるエビへの悪影響を低減させるためには，より慎重な作業が要求される．

　底曳網による漁獲は，種組成や個体群構造の改変という点で，生態系に対してかごによる漁獲よりも相対的に大きな負の影響を及ぼすと考えられる．したがって，供給サービスの維持のみを考えれば，底曳網からかごへの漁法の転換が望ましいと思われる．しかし，野付湾の打網船による底曳網は伝統漁法としての認知度が高く，漁獲物単価はかご漁法によるものより高い．また，白帆た

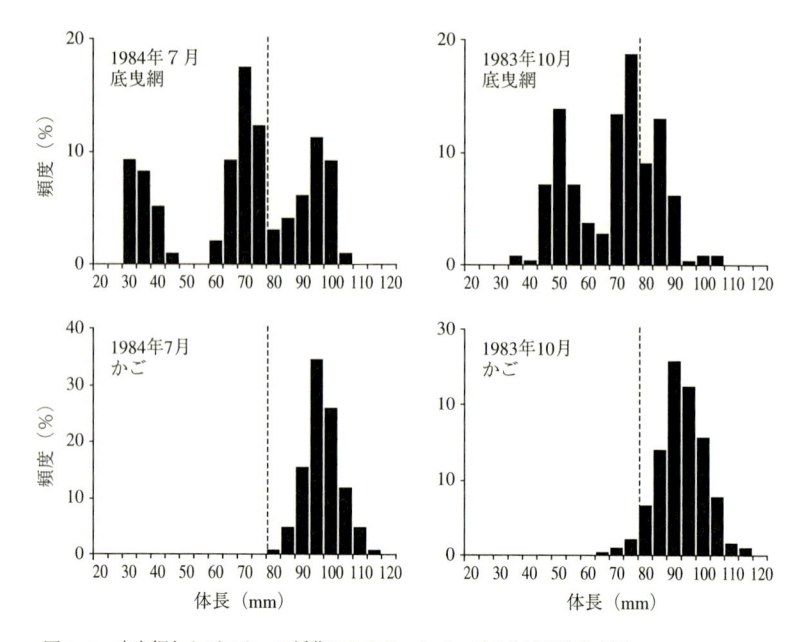

図 3・2　底曳網とかごによって採集されたホッカイエビの体長頻度分布図.
　　　　水島ら[16)]の第 2 図を改変し, 破線は 1984 年当時の出荷サイズの下限を表している.

　ゆたうこの伝統漁法の光景は, 全国ニュースでもしばしば報道される. 2009 年におけるNHKの全国放送による報道価値を広告費換算にしたところ, 48,974,636 円と推算された（ニホンモニター調べ）. また, それらの報道と同時期に開催される別海町の「えび祭り」には毎年約 4 万人の観光客が来場するが, これは別海町の人口の 2 倍にあたる. ホッカイエビの打網船漁が多くの経済効果をもたらしていることは間違いない. そこには伝統を継承したいという意思も含まれており, これはホッカイエビが供給する文化サービスと言える. 生態系サービスという概念の下では, それぞれのサービスを経済価値に換算して評価するが, 野付湾の事例のように, 生態系への負荷の軽減が必ずしも文化サービスの増加と一致するとは限らないことに, 我々は注意を払うべきかもしれない.
　かごによるホッカイエビの漁獲は, 生態系への負荷については底曳網に比べて少ないと考えられるが, 問題のない漁法ではない. 例えば, 出荷サイズの個体を厳密に取り除く行為は, ホッカイエビの場合, 性転換後の雌を選択的に取り除

く行為である.性比の歪みが個体群の存続にどのように影響するかはまだ定かではないが,一部の種では繁殖効率の低下などの負の影響が報告されている[17, 18].さらに,体サイズ選択的な漁獲圧が強い場合,移出入の乏しい種ほど,漁獲選択と呼ばれる遺伝的変化の影響が強くなる.体サイズ選択的な漁獲による個体の小型化[19]や早熟化[20]は普遍的な事実となりつつあり,最近ではそれに起因した複数の重要な遺伝形質の非適応化が予想されている[21, 22].これらは個体群レベルの問題として扱われがちであるが,ホッカイエビのように食物網の頑健性に寄与すると考えられる生物の消失は,基盤サービスの喪失という形で生態系全体に影響を及ぼすであろう.

文献

1) 農林水産省.農林水産省統計情報.Web公開資料, http://www.maff.go.jp/j/tokei/kouhyou/kensaku/bunya6.html.
2) 河村知彦,高見秀輝.アワビ類の生態と加入量変動.「海の生物資源—生命は海でどう変動しているか—」(渡邊良朗編)東海大学出版会.2005;86-303.
3) 河村知彦.アワビ類浮遊幼生の着底場選択とその生態学的意義. *Sessile Organisms* 2007;24:95-102.
4) Sekiguchi H, Inoue N. Recent advances in larval recruitment processes of scyllarid and palinurid lobsters in Japanese waters. *J. Oceanogr.* 2002;58:747-757.
5) Won N-I, Kawamura T, Takami H, Watanabe Y. Ontogenetic changes in the feeding habits of an abalone *Haliotis discus hannai*: field verification by stable isotope analyses. *Can. J. Fish. Aquat. Sci.* 2010;67:347-356.
6) Onitsuka T, Kawamura T, Horii T, Takiguchi N, Takami H, Watanabe Y. Synchronized spawning of an abalone *Haliotis diversicolor*, triggered by typhoon events in Sagami Bay, Japan. *Mar. Ecol. Prog. Ser.* 2007;351:129-138.
7) Gillet R. *Global study of shrimp fisheries.* FAO. 2008.
8) Hayakawa J, Kawamura T, Ohashi S, Horii T, Watanabe Y. Habitat selection of Japanese top shell (*Turbo cornutus*) on articulated coralline algae; combination of preferences in settlement and post-settlement stage. *J. Exp. Mar. Biol. Ecol.* 2008;363:118-123.
9) 早川淳.相模湾長井におけるサザエの初期生態に関する研究.博士論文, 東京大学.2010.
10) Johnson KA. *A review of national and international literature on the effect of fishing on benthic habitats.* NOAA Technical Memo Random. United States Department of Commerce. 2002.
11) Chiba S. A review of ecological and evolutionary studies on hermaphroditic decapod crustaceans. *Plankton Benthos Res.* 2007;2:107-119.
12) 西浜雄二,川尻敏文,坂崎繁樹.能取湖ホッカイエビの生残率.北水試研報 1997;50:1-10.
13) 西川潤,園田武.底生魚類の餌生物としてのベントス.「ベントスと漁業」(林勇夫,中尾繁編)恒星社厚生閣.2005;32-48.
14) 小路淳.「藻場とさかな」成山堂書店.2009.

15) 水島敏博. アマモ場におけるホッカイエビの生態と生産.「藻場・海中林」(日本水産学会編) 恒星社厚生閣. 1981；57-74.
16) 水島敏博, 蝦山 博, 須貝英仁. 打瀬網とエビかごによるホッカイエビの漁獲物組成について. 北水試月報 1986；43：77-84.
17) 佐藤 琢. 雄選択的漁獲が大型甲殻類資源に与える影響. 日水誌 2008；74：584-587.
18) Hutchings JA, Rowe S. Consequences of sexual selection for fisheries-induced evolution: an exploratory analysis. *Evol. Appl.* 2008；1：129-136.
19) Conover DO, Munch SB. Sustaining fisheries yields over evolutionary time scales. *Science* 2002；297：94-96.
20) Dieckmann U, Heino M. Probabilistic maturation reaction norms: their history, strengths, and limitations. *Mar. Ecol. Prog. Ser.* 2007；335：253-269.
21) Walsh MR, Munch SB, Chiba S, Conover DO. Maladaptive changes in multiple traits caused by fishing: impediments to population recovery. *Ecol. Lett.* 2006；9：142-148.
22) Chiba S, Arnott SA, Conover DO. Coevolution of foraging behavior with intrinsic growth rate: risk-taking in naturally and artificially selected growth genotypes of *Menidia menidia*. *Oecologia* 2007；154：237-246.

II. 各生態系の環境特性と生産構造

4章　アマモ場　—シェルター機能の再検討—

堀之内正博[*]

　水の動きが穏やかな沿岸浅海域の砂泥地には，アマモ科，ベニアマモ科，トチカガミ科などに属する海草が密生し，草原や森林のような外観を呈する場所がしばしばみられる．狭義にはアマモ *Zostera marina* の形成するこのような群落をアマモ場と呼ぶが，この章では便宜的にアマモ以外の海草類が形成する群落も含めてアマモ場と総称することにする．

　一般に，アマモ場は，周囲の砂泥地と比べると生息する魚類の種数や個体数が多いと考えられている．また，アマモ場は基質の安定化や二酸化炭素の吸収など，様々な生態系サービスを提供する．中でも特に我々にとって重要なサービスは水産資源の供給であろう．すなわち，アマモ場は水産上重要なものを含む様々な魚類の稚魚期の成育場になっているとされる[1]．

　そのようなサービスを生み出す要因としてあげられるのが，密生した海草が提供する多様なマイクロハビタットや豊富な餌，捕食者に対するシェルターといった様々なメリットである．これらのうち，特に重要と考えられているのが，捕食者に対するシェルターとしての機能である．すなわち，海草の形成する複雑な構造は捕食者の摂餌効率を低下させる機能をもち，そのため，周囲の砂泥地と比べ，アマモ場内部には稚魚など体サイズの小さな魚類がより高密度で分布する，と説明されている．この説はHeckらがその論文などの中で繰り返し述べているもので[2-4]，アマモ場の"優位性"を強調する上での根拠の1つとなっている．

　しかし，本当にそうなっているのだろうか？　例えば，神奈川県油壺のアマモ場では春季に様々な稚魚が，構造的に複雑なアマモ場内部よりもアマモ場に隣接したオープンな空間により高密度で出現することが報告されている[5]．した

---

[*] 島根大学汽水域研究センター

がって，一般に信じられているこの説は必ずしも常に正しいとは限らない可能性がある．そこで，実際に周囲の砂泥地からアマモ場の中心方向へ魚類群集構造がどのようなグラデーションを示すのか，つまり，アマモ場からやや離れた砂泥地，アマモ場の際に隣接した砂泥地，アマモ場のエッヂおよびコア（図 4・1a）で群集構造がどのように異なるのかを詳しく調べてみることにした．なお，エッヂとはハビタットの外縁部を，コアとは中心部をそれぞれ指し，これらの間では様々な生物間相互作用が異なる場合があることが知られている[6]．そのため，近年ではこれらのマイクロハビタットに注目した研究がアマモ場においても行われるようになってきている[7-9]．これらのマイクロハビタット間における魚類の群集構造の違いの検討などは，アマモ場の造成デザインの決定や保全すべきアマモ場の選定などの際にも非常に重要であると考えられる．そこでまず，筆者が行った

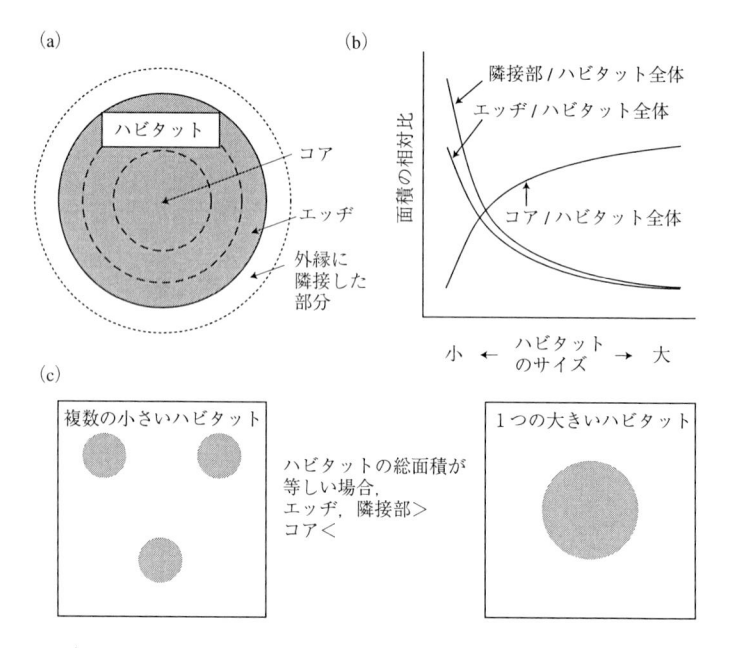

図 4・1　各マイクロハビタットの概念図（a），ハビタットの総面積と各マイクロハビタットの面積の相対比との関係の概念図（b），およびハビタットの総面積が等しい 2 地域間で各マイクロハビタットの面積を比較した概念図（c）（Horinouchi[9] を改変）．ハビタットおよびマイクロハビタットの外縁はすべて円形，各マイクロハビタットの幅は一定と仮定するなど，単純化していることに注意．

調査とその結果の概要を紹介していくことにする.

§1. アマモ場とその周囲のマイクロハビタットにおける魚類群集構造

調査は神奈川県三浦半島油壺の諸磯湾内に存在するアマモ場で行った. まず, $1 \times 2\,m$ の方形区を, アマモ場の際（きわ. アマモ場と砂泥地の境界線）から2〜3 m 離れた砂泥地とアマモ場の際に隣接した砂泥地にそれぞれ5個設定した. また, アマモ場の際から中心部へ向けて $1 \times 20\,m$ のトランセクトを5本設定し, さらに各トランセクトを際から2 m ずつ区切り, 10個の方形区 ($1 \times 2\,m$) に分割した. 毎月1回, スキューバ潜水による観察を行い, 各方形区にどのような魚種がどれくらいの密度で出現するのかを記録した. なお, 潜水観察によるアマモ場魚類群集構造の調査法については, Horinouchi *et al.*[10] が詳述しているので参照されたい.

1・1 マイクロハビタット間の群集構造の違い

潜水観察の結果, 次のようなことが判明した. まず, 魚類の総種数および総個体数（個体密度）は, アマモ場の外部で必ずしも少なくなっているわけではなく, 時にはずっと多くなっている場合があることが明らかとなった（図4・2）. 特に, アマモ場に隣接した砂泥地では常に総種数が最も多く, また春には各種の稚魚がしばしば大群を形成して出現することなどによって総個体数が非常に多くなっており, 種多様性が高い独特の構造をもった魚類群集が存在していることが明らかとなった. また, 各種の個体密度をもとにクラスター分析を行ったところ, アマモ場の外部と内部とでは魚類群集構造がはっきりと異なるが, アマモ場の内部においては, エッヂとコアの間で大きな違いがないことが明らかとなった（図4・3）.

1・2 アマモ場魚類の分布パターン

さらに, 各種の密度パターンを詳しく検討した結果, 調査を行ったアマモ場とその周囲に生息する魚類は, その分布パターンの特徴から4つのタイプに分けられることがわかった. すなわち, タイプ1：アマモ場の外部には多いがアマモ場の中では相対的に密度が低い種（ヒメハゼ *Favonigobius gymnauchen* やクロサギ *Gerres equulus* など）, タイプ2：主にアマモ場の際に隣接した砂泥地に多い種（ニクハゼ *Gymnogobius heptacanthus* などのハゼ科稚魚など）,

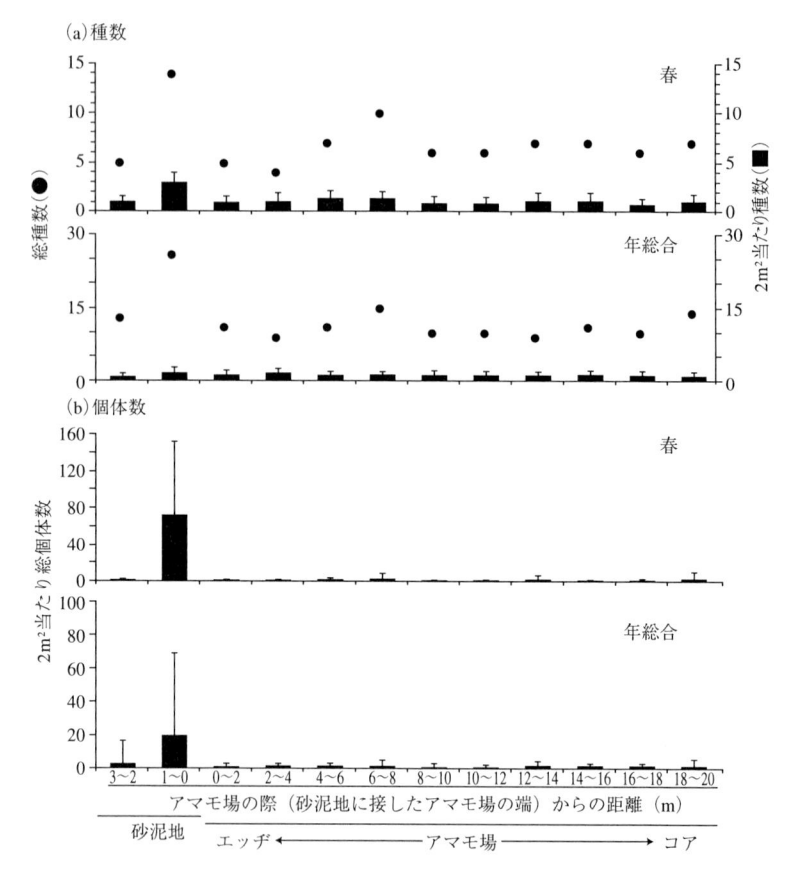

図4・2 各マイクロハビタットに出現した種数(a)および平均総個体数(b)(Horinouchi[9]を改変).ここでは便宜的に春季と一年を総合したもののみを示す.縦線は標準偏差.

タイプ3：主にアマモ場の中に出現し，かつ水平方向に均一に分布する種（アミメハギ *Rudarius ercodes* など），タイプ4：アマモ場にも砂泥地にも分布できる種（スジハゼ類の1種 *Acentrogobius* sp. など）の4タイプである．

したがって，本調査域のアマモ場の魚類群集の水平方向のグラデーションは次のようにしてもたらされたと考えられる．まず，タイプ1の種の出現が砂泥地でアマモ場からやや離れた場所と隣接した場所における魚類群集の共通のベースとなる．しかし，アマモ場に隣接した砂泥地においては，タイプ2の魚類が季節的に出現し，さらに，タイプ4および少数ではあるがタイプ3の魚類

も出現するため，種多様性が高い特異な群集構造が形成される．一方，アマモ場内ではタイプ3およびタイプ4の種が水平方向に均一に分布するため，エッジとコアの間で群集構造に違いがほとんどなくなる．

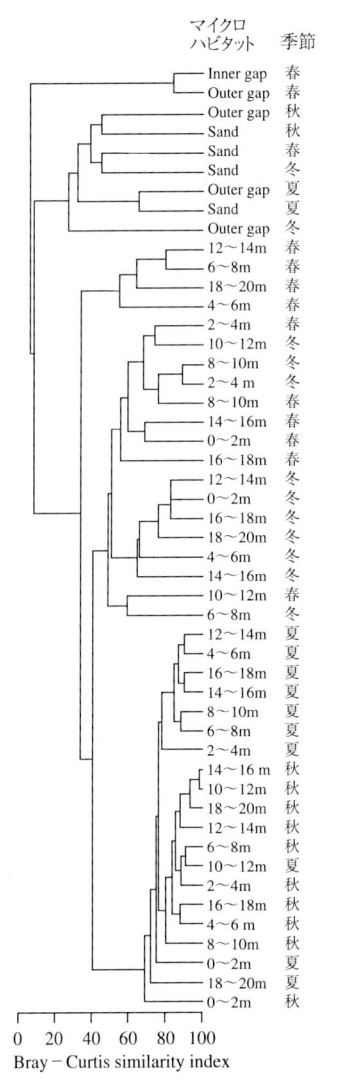

§2. アマモ場の捕食者に対するシェルターとしての機能の再検討

捕食は魚類の分布パターンを左右する重要なファクターの1つであり，これまでしばしば，アマモ場に魚類が多いのは海草が密生することによって形成される複雑なハビタットの構造が捕食圧を低下させているからであるという説明がなされてきた[2-4]．しかしこの説明が（一応）当てはまる魚類，すなわち，海草の存在する場所で個体数が多いもの（1・2節のタイプ3）は，上述のように，アマモ場とその周囲に生息する魚類群集を構成するメンバーの一部に過ぎない．他の分布パターンを示す魚類については，本当に海草の形成する構造が捕食リスクを軽減させているのか，詳しく検討しなおす必要がある[11]．そこで，アマモ場に

図4・3 各種の出現密度をもとに行ったクラスター分析で得られたマイクロハビタットの樹状図（Horinouchi[9]を改変）．
類似度にはBray-Curtis similarity indexを，またクラスターの連結には群平均法を用いた．この図ではアマモ場内部のマイクロハビタットを際からの距離で表した．また，アマモ場の際に接した砂泥地とやや離れた砂泥地をそれぞれ"outer gap"，"sand"とした．なお，"inner gap"とはアマモ場内部の砂泥パッチにおいて，海草の生えた部分と隣接した部分に形成されるマイクロハビタットのことである．本文では触れなかったが，このマイクロハビタットも特異な魚類群集構造を擁する．詳細はHorinouchi[9]を参照のこと．

も砂泥地にも分布できる種およびアマモ場の際に隣接した砂泥地に多い種について行った実験を紹介していく．

2・1 アマモ場にも砂泥地にも分布できる魚類について

アマモ場にも砂泥地にも分布できる魚類として*Acentrogobius* sp. を用い，諸磯湾内において糸つなぎ実験（tethering experiment）と呼ばれる次のような野外実験を行ってアマモ場と砂泥地間で被捕食率に違いがあるか検証した[12]．

実験に供したのは全長30～35 mmの本種稚魚である．稚魚40個体の尾柄部に透明で極細の糸（長さ40 cm）の一端をとりつけ，アマモ場あるいは周囲の砂泥地の底質に糸のもう一端をペグで固定した．一定時間経過後，消失した稚魚を計数した．この試行を日中と夜間に行った．

本実験において，*Acentrogobius* sp.の稚魚は日中に行った試行ではアマモ場においても砂泥地においても捕食されなかった．一方，夜間に行った試行では，アマモ場では3個体，砂泥地では2個体が，それぞれ捕食されていた．したがって，本種稚魚については，アマモ場と砂泥地とで被捕食率が異ならないことが示唆された．

2・2 アマモ場の際に隣接した砂泥地に多く出現する種について

アマモ場の際に隣接したオープンな砂泥地に高密度で出現する魚類については，次のような室内実験を行い，捕食者‐被捕食者間の相互作用と海草の形成する複雑性との関わりを明らかにすることにした[13]．

本室内実験では，被捕食者としてニクハゼ稚魚を，また，待伏せ型/忍び寄り型あるいは追いかけ型の捕食者としてそれぞれアサヒアナハゼ*Pseudoblennius cottoides*とムツ*Scombrops boops*の幼魚を用いた．

直径1 m 高さ0.8 mの円形水槽を5つ用意し，それぞれの内部に海草を，野外のアマモ場と同様の密度（100％），その75％，50％，25％，0％の密度で植えつけた．各水槽にニクハゼ稚魚を50個体ずつ入れ，その1時間後にアサヒアナハゼあるいはムツ幼魚を導入した．1時間経過後に生残個体を計数し，海草密度間でニクハゼ稚魚の被捕食率が異なるか検討した．

その結果，ニクハゼ稚魚の被捕食率は，追いかけ型の捕食を行うムツ幼魚を捕食者として用いた場合には海草の密度が高いほど低下するが，忍び寄り型の捕食を行うアサヒアナハゼが捕食者の場合には，海草がない場合よりも海草が

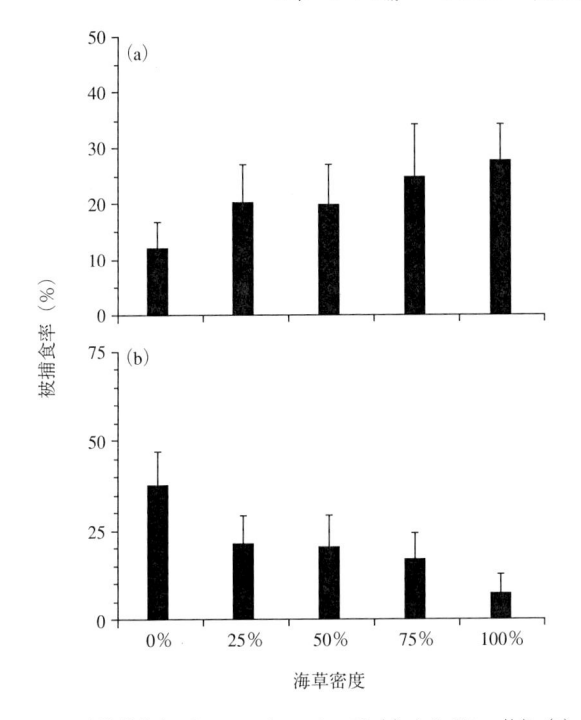

図4・4 各海草密度においてアサヒアナハゼ（a）およびムツ幼魚（b）に捕食されたニクハゼ稚魚の割合（被捕食率）（Horinouchi et al.[13] を改変）．縦線は標準偏差．

ある場合に顕著に高くなることが判明した（図4・4）．

　さらに，捕食者の存在の有無が被捕食者のマイクロハビタット利用パターンにどのような影響を与えるのか，内部に海草のある場所とない場所とを設けた上述と同サイズの円形水槽を用いて調べた．その結果，ニクハゼ稚魚は，ムツがいる場合にはその攻撃を避けるために海草の生えた場所に入ることがあるが，ムツがいない場合には，アサヒアナハゼの存在の有無に関わらず，ほぼ常に海草のない場所でかつ海草の近傍に分布することがわかった．

§3. 海草の形成する構造と捕食者－被捕食者間相互作用との関わりからみたアマモ場魚類の分布パターンの形成機構について

　以上の実験結果などをもとに，上述のアマモ場魚類の各分布パターンがどの

ように形成されていると考えられるのか，捕食者－被捕食者間の相互作用と海草の形成する構造との関わりの観点から説明する．なお，2・2節では触れなかったアマモ場の外部には多いが内部では相対的に密度が低い種についても，ここでは含めて述べる．

3・1　海草の形成する構造に拠らない対捕食者戦略

アマモ場の外にも多く分布できる種は，海草に依存しない対捕食者戦略をもつためオープンな砂泥地に分布することが可能であると思われる．例えば底生ハゼ類には底質に似た体色（隠蔽色）をもつものが多い．このような体色は構造物のない場所においても効果的に捕食圧を下げうる[12, 14]．さらに，ヒメハゼなどでは底質中に体を埋めて静止する行動がしばしば見られるが，これも地上部の構造に頼らず捕食者に対処する戦略の1つかもしれない．遊泳力が強い種では，捕食者の存在あるいは接近に反応して泳ぎ去ることによって捕食を避けることも可能であろう．また，大きな群を形成することも構造に頼らない対捕食者戦略の1つである[15]．群の成員は他個体の動きに反応すれば，捕食者を実際に見なくとも対捕食者行動を早めに開始できるため，効果的に捕食リスクを軽減することが可能である．さらに，攻撃された場合，捕食者に的を絞らせないようにすることなどでリスクを下げることができる．アマモ場の外部にも多く出現する種では，これらの戦略の1つあるいはいくつかを組み合わせて捕食リスクに対処しているのであろう．

ところが，密生した海草の形成する複雑な構造は，これらの対捕食者行動（"底質に似た隠蔽色"を除く）を行う上での障害となってしまう．まず，海草が密に生えている場所では底質中に密生した地下茎や根のため，潜砂を自力で行う小型魚類のヒメハゼなどでは体を底質中に埋めるという行動が相対的に困難になるのかもしれない．また，強い遊泳力を利用する種にとって，アマモ場内の密生した海草の間を縫って高速で泳ぐことは非常に困難であろう．群を形成する種では，アマモが密生した場所では大きな群を作ることができない分，群のもつ捕食圧軽減効果が相対的に低くなってしまう．こういった理由のため，これらの魚類（1・2節のタイプ1および2）は，アマモが密生した場所を好まない可能性がある．

3・2　アマモ場内部は潜在的な捕食リスクを秘めた場所

さらに，アマモ場は潜在的な被捕食の可能性をもつ場所であるため，これら

の魚類はアマモ場内に常在しない可能性がある．2・2 節で紹介した実験結果が示すように，海草の形成する構造的複雑性は必ずしも捕食者の摂餌効率を低下させるわけではない．海草が密生した場所では，葉などが邪魔になり，餌生物が捕食者の存在あるいは接近に気づくのが遅れてしまう可能性がある．実際，アマモ場内において，餌魚種は，待伏せ型あるいは忍び寄り型捕食者の攻撃を受けるまで，その存在にまったく反応を示さないことがしばしばある．つまり，待ち伏せたり忍び寄ったりする際，海草が密生しているほど餌生物に気づかれにくくなるため，密生した海草はそれらの捕食戦略を行う上で有利に働くと思われる．アサヒアナハゼやアナハゼ *Pseudoblennius percoides* など，アマモ場内に出現する捕食者の多くは，待ち伏せ型あるいは忍び寄り型の捕食戦略をとり，また，中には周年アマモ場に生息するものもいる．したがって，アマモ場内では，常にこれらの捕食者による潜在的な捕食リスクが存在していることになる．活発に動きまわったり大きな群を作ったりといった行動は，アマモ場内ではこれらのタイプの捕食者と遭遇する確率や発見される確率を上げてしまうため，そういった行動をとる魚類はアマモ場内部を好まないことが考えられる．

一方，アマモ場内に主に分布し，周囲の砂泥地にはほとんど出現しない魚類は，多くの場合，海草の葉や落ち葉などに似た体色あるいは体形をもち，かつ，単独で出現し（群をつくる場合でもメンバーの数が少ない小さな群であることが多い），あまり活発に泳ぎ回らないという性質をもっている（例えばアミメハギ）．これらの性質は，待伏せ型や忍び寄り型の捕食者との遭遇確率あるいは発見される確率を低減するのに効果的であると考えられる．そのため，そういった捕食者とアマモ場内で共存することが可能なのであろう．

3・3　アマモ場の際に隣接したオープンな場所に形成される安全圏

アマモ場の際に隣接したオープンな空間に顕著に多く出現していたのは群を形成する各種の稚魚であった．これらは，まだあまり遊泳力が発達していないため，外部からやってくる追いかけ型捕食者に対してオープンな空間を泳いで逃げ去ることはあまり得策ではない．追いかけ型の捕食者の効率はアマモ場の中で顕著に低下するため，このタイプの捕食者による捕食リスクを低減するには，群のメリットを活かしていち早くその出現を感知しアマモ場の中に一時的に退避する，という行動が効果的であろう．アマモ場周囲における追いかけ型捕食者の出

現は間歇的であり，それらが出現したときにのみ餌種は反応すればよい．すなわち，追いかけ型捕食者の出現を発見した後でも安全にアマモ場内に退避できる範囲内にこれらの魚類は分布するのであろう．この安全圏の範囲の広さは，餌種の遊泳力と捕食者を発見する能力などのファクターの関数と考えられる．遊泳力が強いほど，安全圏の範囲は相対的に広くなる．遊泳力が十分強くなれば，捕食を避けるためにアマモ場に頼る必要がなくなるため，砂泥地に常在することが可能になるであろう．一方，タイプ2の稚魚のように遊泳力が弱いものでは安全圏の範囲はかなり狭いため，分布できる範囲はアマモ場の際の近くに限られる．

図4・5に上述した海草の形成する複雑性と捕食者－被捕食者間相互作用との関わりからみたアマモ場魚類の分布パターンの形成機構をまとめた．ただし，1つのファクターだけで全種の分布パターンを説明することが不可能なのは明らかである．各種の分布パターンは，餌の分布パターンなど様々なファクターの影響も受けて決定されると考えられる．また，地域的な特性も影響するであろう．例えば，アマモ場内に捕食者がほとんど生息しないような地域では，活発に動きまわったり大きな群を作ったりする種などもアマモ場内をしばしば利用する可能性があると思われる．

§4. アマモ場保全

現在，世界の多くの研究者間で広く用いられている"成育場"の定義に照らした場合[16]，実は，地域によっては，アマモ場を"成育場"として利用していると見なせる魚類の数はそれほど多くない場合がある[17]．とはいうものの，実際にアマモ場を成育場としている種は存在し，その中には水産上重要なものも含まれていることは確かである．また，アマモ場は水産資源の供給だけでなく，基質の安定化や二酸化炭素の吸収など，様々な生態系サービスを提供してくれる重要な場所である．しかし近年，世界中の様々な地域でアマモ場の衰退・消滅が報告されており[18]，保全の策を講じることが急務となっている．

4・1　アマモ場保全における各種の分布パターンなどの情報の重要性

この章で紹介したような各種の分布パターンなどの情報は，アマモ場の造成デザインの決定や保全すべきアマモ場の選定の際にも非常に重要であると考えられる．図4・6にそれらの一例を示した．例えば，本章で紹介した神奈川県油

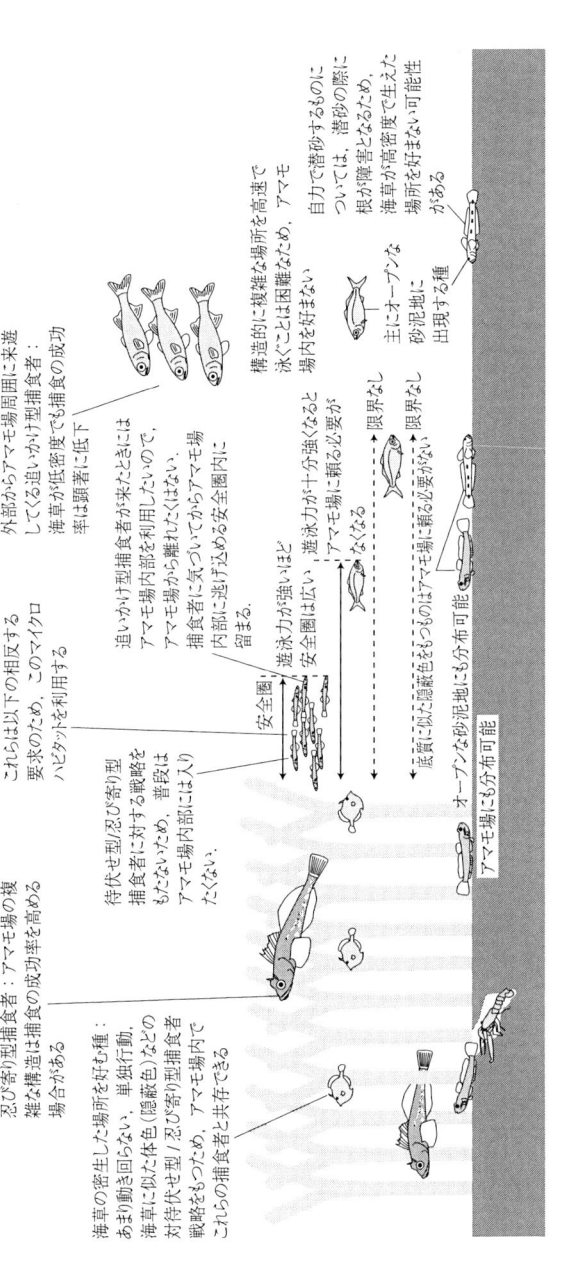

4章 アマモ場 ―シェルター機能の再検討― 63

図4・5 海草の形成する複雑性と捕食者-被捕食者間相互作用との関わりからみたアマモ場魚類の分布パターンの形成機構の概念図．Horinouchi[9]，Horinouchi[11]およびHorinouchi et al.[13]をもとに作図．

```
                    ┌─────────────────────────────┐
                    │ 対象地域に残存するそのハビタットおよび │
                    │ その周囲において各種の分布パターンを精査 │
                    └─────────────────────────────┘
    ┌ ─ ─ ─ ─ ─ ─ ─ ┐  ↙         ↓         ↘
    │ Habitat generalistsや │
    │ そのハビタットタイプに │←┈┘
    │ 分布しない種は対象外 │
    └ ─ ─ ─ ─ ─ ─ ─ ┘
```

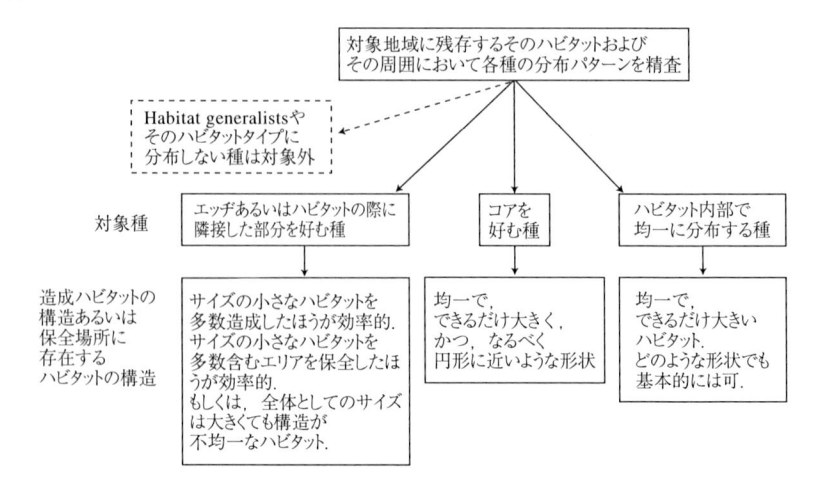

	エッヂあるいはハビタットの際に隣接した部分を好む種	コアを好む種	ハビタット内部で均一に分布する種
対象種			
造成ハビタットの構造あるいは保全場所に存在するハビタットの構造	サイズの小さなハビタットを多数造成したほうが効率的．サイズの小さなハビタットを多数含むエリアを保全したほうが効率的．もしくは，全体としてのサイズは大きくても構造が不均一なハビタット．	均一で，できるだけ大きく，かつ，なるべく円形に近いような形状．	均一で，できるだけ大きいハビタット．どのような形状でも基本的には可．

図 4・6　造成ハビタットの構造あるいは保全場所選定の決定手順の一例．Horinouchi[9]）をもとに作図．油壺のアマモ場にはコアあるいはエッヂを好む種は出現しなかったが，他の地域では出現する可能性がある．なお，これはごく単純化したものであり，また，あくまでも一例であることに注意．

壺では，アマモ場の際に隣接した狭い空間に様々な稚魚が多数出現していた．このマイクロハビタットの量が多いほど，これらの稚魚の相対的な量は潜在的に多くなると思われる．したがって，もしこの地域で，これらの個体数を増やすことを目的にアマモ場造成を行う場合，このマイクロハビタットの相対量が多くなるような形のアマモ場を造成すればよいであろう．形が相似である場合，基本的にサイズが小さいほどこのマイクロハビタットの相対量は多くなるため（図4・1b, c），小さなアマモ場を沢山造成する，というのが1つの方法である．ただし，造成するアマモ場が小さいと相対的に底質の安定性が弱くなり，消失しやすくなる可能性も考えられる（1章を参照）．場合によっては，サイズはできるだけ大きくし，境界線を凹凸にしたり，内部に砂泥地パッチを設けたりすることによってこのマイクロハビタットの量を増やすようにしたほうがよいであろう．もちろん，これは極く単純化した話であり，実際に造成を行なう場合には，ここでは紹介しなかった海草の密度の効果など，様々な要素も考慮に入れた上で，そのデザインを決定する必要がある．地域的な特性に応じてアレンジする必要があるのは言うまでもない．例えば，油壺ではみられなかったが，地域によっ

てはアマモ場のエッジあるいはコアを好む種が存在する場合なども考えられる.

4・2 包括的な取り組みの必要性

アマモ場の造成や保全地域の選定などがある程度の効果をあげるためには,本章で紹介したような群集構造のグラデーションや各魚種の分布パターンなどの精査を対象地域で行った上で,そういった取り組みを行う必要がある.しかしそれだけでは十分ではない.例えば,成長に伴いアマモ場から他のハビタットへ移動する種について保全の策を講じようとする際,アマモ場だけでなく,それらのハビタットやアマモ場とそれらを繋ぐ経路についても同時に考慮に入れねばならない.アマモ場への仔稚の供給経路も視野に入れるべきであろう.アマモ場保全が水産資源の回復などに効果をあげるためには,地域全体を見据えた包括的な取り組みが必要である.

文 献

1） Kikuchi T. Japanese contribution on consumer ecology in eelgrass (*Zostera marina L.*) bed, with special reference to trophic relationships and resources in fisheries. *Aquaculture* 1974；4：145-160.

2） Heck KL Jr, Orth RJ. Seagrass habitats: the role of habitat complexity, competition and predation in structuring associated fish and motile macroinvertebrate assemblages. In: Kennedy VS (ed). *Estuarine Perspectives*. Academic Press, New York. 1980；449-464.

3） Heck KL Jr, Orth RJ. Predation in seagrass beds. In: Larkum AWD, Orth RJ, Duarte CM (eds). *Seagrasses: Biology, Ecology, and Conservation*. Springer. 2006；537-550.

4） Heck KL Jr, Hays G., Orth RJ. Critical evaluation of the nursery role hypothesis for seagrass meadows. *Mar. Ecol. Prog. Ser.* 2003；253：123-136.

5） Horinouchi M, Sano M. Effects of changes in seagrass shoot density and leaf height on abundances and distribution patterns of juveniles of three gobiid fishes in a *Zostera marina* bed. *Mar. Ecol. Prog. Ser.* 1999；183：87-94.

6） Fagan WE, Cantrell RS, Cosner C. (1999) How habitat edges change species interactions. *Am. Natur.* 1999；153：165-182.

7） Bell SS, Brooks RA, Robbins BD, Fonseca MS, Hall MO. Faunal response to fragmentation in seagrass habitats: implications for seagrass conservation. *Biol. Conserv.* 2001；100：115-123.

8） Connolly RM, Hindell JS. Review of nekton patterns and ecological processes in seagrass landscapes. *Estuar. Coast. Shelf Sci.* 2006；68：433-444.

9） Horinouchi M. Horizontal gradient in fish assemblage structures in and around a seagrass habitat: some implications for seagrass habitat conservation. *Ichthyol. Res.* 2009；56：109-125.

10） Horinouchi M, Nakamura Y, Sano M. Comparative analysis of visual censuses using different width strip-transects for a fish assemblage in a seagrass bed. *Estuar. Coast. Shelf Sci.* 2005；65：53-60.

11) Horinouchi M. Review of the effects of within-patch scale structural complexity on seagrass fishes. *J. Exp. Mar. Biol. Ecol.* 2007;350:111-129.
12) Horinouchi M. Distribution patterns of benthic juvenile gobies in and around seagrass habitats: effectiveness of seagrass shelter against predators. *Estuar. Coast. Shelf Sci.* 2007;72:657-664.
13) Horinouchi M, Mizuno N, Jo Y, Fujita M, Sano M, Suzuki Y. Seagrass habitat complexity does not always decrease foraging efficiencies of piscivorous fishes. *Mar. Ecol. Prog. Ser.* 2009;377:43-49.
14) Sogard SM. Variability in growth rates of juvenile fishes in different estuarine habitats. *Mar. Ecol. Prog. Ser.* 1992;85:35-53.
15) Pitcher TJ, Parrish JK, 1993. Functions of shoaling behaviour in teleosts. In: Pitcher TJ (ed). *Behaviour of Teleost Fishes, 2nd edn.* Chapman and Hall. 1993.
16) Beck MW, Heck KL Jr, Able KW, Childers DL, Eggleston DB, Gillanders BM, Halpern B, Hays CG, Hoshino K, Minello TJ, Orth RJ, Sheridan PF, Weinstein MP. The identification, conservation, and management of estuarine and marine nurseries for fish and invertebrates. *BioScience.* 2001;51:633-641.
17) 佐野光彦, 中村洋平, 渋野拓郎, 堀之内正博. 熱帯地方の海草藻場やマングローブ水域は多くの魚類の成育場か. 日水誌 2008;74:93-96.
18) Hauxwell J, Cebriàn J, Valiela I. Eelgrass *Zostera marina* loss in temperate estuaries: relationship to land-derived nitrogen loads and effect of light limitation imposed by algae. *Mar. Ecol. Prog. Ser.* 2003;247:59-73.

5章　ガラモ場における稚魚生産

上村　泰洋*

　ガラモ場は，ホンダワラ科の植物によって比較的浅い海域の礫や岩礁上に構成される海藻群落で，日本全国に広く分布している．陸上の森林のような様相を呈することから「海中の森林」とも呼ばれ，多くの魚類や小型甲殻類などの生息場所として知られている．水産業上重要な魚類の中には生活史初期にガラモ場を生息場として利用するものも多いことから，アマモ場と並び重要な成育場であると認識されてきた．しかしながら，ガラモ場における魚類の個体数，現存量（バイオマス），生産速度およびそれらの時空間変動に関する実証的・定量的な知見は世界的にみても非常に少ない状況にある．

　我が国において1978年から1990年の13年間で消失した藻場の面積は6,403ha（うちガラモ場は22.2％）に達し，とりわけ沿岸域における魚類生産や水産業に大きな影響を与えてきたと考えられる．古くから魚類成育場として認識されるガラモ場の魚類生産力と我々がガラモ場から受ける恩恵（供給サービス）を定量評価することは，人々と密接に関わる沿岸域生態系の役割を理解し，効果的に利用・保全するうえで不可欠である．本章では，温帯域ガラモ場に生息する優占魚種シロメバル *Sebastes cheni* を主要な供給サービスのひとつとして位置づけ，その生産構造と環境特性の関わりについて紹介する．

§1. ガラモ場における魚類生産研究史
1・1　ガラモ場が提供する生態系サービス

　生態系が有する機能のうち，人類が恩恵を享受している部分は生態系サービスと呼ばれる（第1章を参照）．地球上の各生態系の有する生態系サービスの経済価値の試算結果では，藻場の生態系サービスの経済価値は，19,004ドル/ha/年と試算され，河口（22,832ドル/ha/年）と並び全生態系の中でもトップクラスであることが示されている[1]．藻場生態系は，群落を形成する植物の種によっ

---

* 広島大学大学院生物圏科学研究科（日本学術振興会特別研究員DC1）

てアマモ場，ガラモ場，アラメ場，カジメ場，コンブ場などに区分される．いずれの藻場も光合成，窒素・炭素固定，水質浄化，波浪軽減，生物生産など様々な機能を有している．4つに区分される生態系サービス（調節，供給，文化および基盤サービス：1章を参照）のうち，ガラモ場とアマモ場は高い調節サービスを生みだす点で共通している．植物体自身が食用となるガラモ類（ヒジキ *Sargassum fusiforme* やアカモク *Sargassum horneri* などの海藻）は，直接的に食用に利用されないアマモ類（アマモ *Zostera marina*，コアマモ *Zostera japonica* などの海草）よりも植物体の生産による高い供給サービスを生みだしている．本章で述べる魚類生産も供給サービスに相当する．

1・2　ガラモ場の環境特性と魚類生産研究史および問題点

ガラモ場は，アマモ場（4章を参照）と並び，魚類の幼期個体の摂餌場や被食シェルターとして利用されることから，これらの成育場として認識されている[2-4]．魚類の生息場としての群落特性を，浅海域に形成される他の生態系と比較した場合，ガラモ場にはアマモ場と同様に植物体の繁茂によって複雑な立体構造が存在する特徴がある．サンゴ礁にも同様に樹状サンゴやテーブルサンゴなどによる立体構造が存在するものの，それらが季節的にほとんど変化しないのが藻場生態系との相違点であろう．河口・干潟にはこのような立体構造は存在しない一方で，他の生態系に比べて河川水の流入や潮汐変動の影響を強く受ける特徴を備えている．これらの環境条件の他には，波浪の強さや水の透明度なども各生態系を特徴づけうるが，同じ生態系内でも場所による変動が大きく一般的な傾向が認められない場合も多いため，ここでは割愛する．

植物体の繁茂により立体構造が存在・変動するという点においてガラモ場とアマモ場は共通するものの，両者の繁茂の季節性の違いが顕著な地域もある．瀬戸内海では，ガラモ場を構成するホンダワラ類（マメタワラ *Sargassum macrocarpum*，ノコギリモク *Sargassum piluliferum* など）は冬期にかけて繁茂するのに対し，アマモ場の優占種であるアマモは夏期に繁茂する[2,3]．沿岸性魚類のなかには，季節的に集中して産卵するために，ある発育段階や季節に特定の藻場との関わりが深まる種（メバル属：本章を参照）や，生活史のうち比較的長期間にわたって藻場に強く依存する種（アミメハギ，ヨウジウオなど）も存在

する．後者にとっては，一方の藻場（アマモ場もしくはガラモ場）が衰退する季節に生息場となる他方の藻場の存在も重要である．

　立体構造物の存在や海底形状の複雑さは，魚類サンプリングの定量性に影響を及ぼしうる．底質が砂や泥からなる河口・干潟域，アマモ場では底曳き網や桁網などの漁具・調査用具による魚類の定量採集は比較的容易であるのに対し，ガラモ場やサンゴ礁では底質および構造物がうみだす複雑さにより魚類の定量採集が比較的困難となる．透明度の高いアマモ場やサンゴ礁ではスキューバ潜水による目視観察が汎用的な調査方法となっているが，濁度の高い内湾域や繁茂が進行した藻場では見落としによる過小評価の可能性が高まる．一般にガラモ場はアマモ場に比べて波浪の影響が強い岩礁域に形成されることが多いため，調査の実施そのものに困難が生じやすいフィールドであると言える．

　これまでガラモ場においては，定置網や刺し網などの非定量的な漁具で採集された魚類の種組成に関する定性的研究や魚類の食性解析などの知見が多く存在するものの[2-4]，魚類の個体数やバイオマスに関する定量的な研究事例は非常に少ない[5,6]．そのため，ガラモ場が魚類の成育場として機能しているかどうかは，漁業者やダイバーなどによる経験則や，定性的知見をもとに評価されてきた．近年，魚類成育場としての場の機能を評価するためには，生息場所における稚魚の個体密度に加えて，成長，生残，さらには漁場・再生産の場への移動・加入が達成されているかどうかなどの多様な要素を定量的に把握することの重要性が指摘されるようになった[7,8]．次節では，藻場への加入から数ヶ月間をガラモ場に強く依存して過ごすシロメバルを題材として個体数変動，成長，死亡の定量評価を試みた研究事例を紹介する．

§2. ガラモ場におけるシロメバル生産速度推定の試み

　これまで一種とみなされていたメバル *Sebastes inermis* が，近年アカメバル *Sebastes inermis*，クロメバル *Sebastes ventricosus*，シロメバルの3種に分類された[9]．これらメバル属3種は，九州南部から北海道南部まで広く分布し[9]，漁業や遊魚での人気が非常に高い水産業上重要種である．卵胎生魚であり，親魚から産仔されたのち浮遊生活を経て稚魚期には藻場に強く依存した生活史をもつことが知られている[10-13]．瀬戸内海中央部の広島県竹原市沖に位置する阿

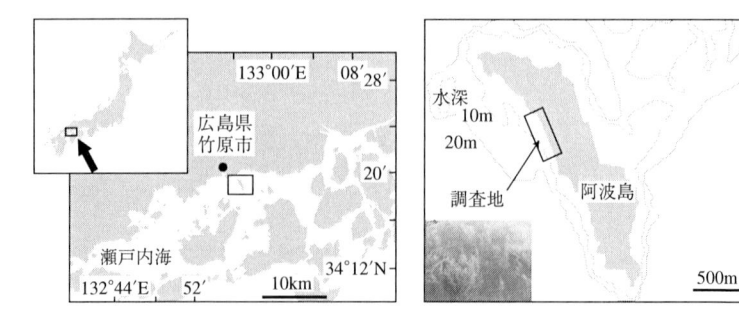

図5・1　魚類採集を実施した瀬戸内海中央部広島県竹原市沖に位置する
阿波島（無人島）西岸のガラモ場.

波島（無人島：図5・1）の西岸には，主にシダモク Sargassum filicinum のホンダワラ類で構成されるガラモ場が形成されており，冬～春季には海岸線と並行に500 m以上にわたって繁茂する．ここでは2007～2009年に実施したシロメバル稚魚の個体群動態，食性，成長などに関する調査の結果を中心に述べる．当ガラモ場では3月以降にシロメバル稚魚が優占種となることが明らかとなっている[14]．本海域の藻場およびその周辺の底質は砂および小転石であり，ガラモは直径約10 cmの大礫を基質として繁茂するため，アマモ場で通常実施されるものと同様の方法での魚類採集が可能であるという特性が備わっている．そこで，巻網により100 m^2 のエリアを囲み，その中に分布する魚類を全て捕獲するという方法で魚類を採集した．

シロメバル稚魚は2月下旬～3月上旬に全長約20 mmで採集されはじめ，5月下旬～6月上旬には全長約50 mmに成長する（図5・2）．ガラモ場への来遊直後（3～4月）の個体密度は3年間で大きく変動したのに対し，5月中旬以降にはいずれの年も分布密度が約30尾/100m^{2}で推移していた（図5・3）．

ガラモ場におけるシロメバル稚魚の生産過程を定量評価するために，以下2つの仮定を設けた．①シロメバル稚魚は全長約20 mmで当藻場へ来遊したのち全長50 mmまで逸出せずに滞在する，②採集に用いた巻き網による採集効率は100％である．これらのうち①については，先行研究によりメバル属稚魚は藻場に強く依存することが明らかにされているため，逸出はないと考えた[15]．②については当ガラモ場において実施した昼夜採集によりシロメバル個体密度，全

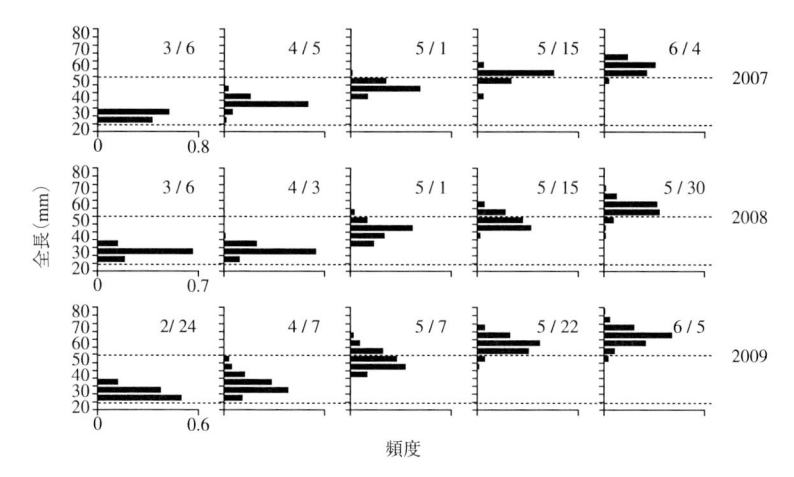

図 5・2　2007～2009 年に採集されたシロメバル稚魚の採集日ごとの全長組成. 2 月下旬以降に全長約 20 mm で藻場へ来遊し，5 月下旬～6 月上旬に全長約 50 mm に成長するまでの間を藻場に依存して生活する．

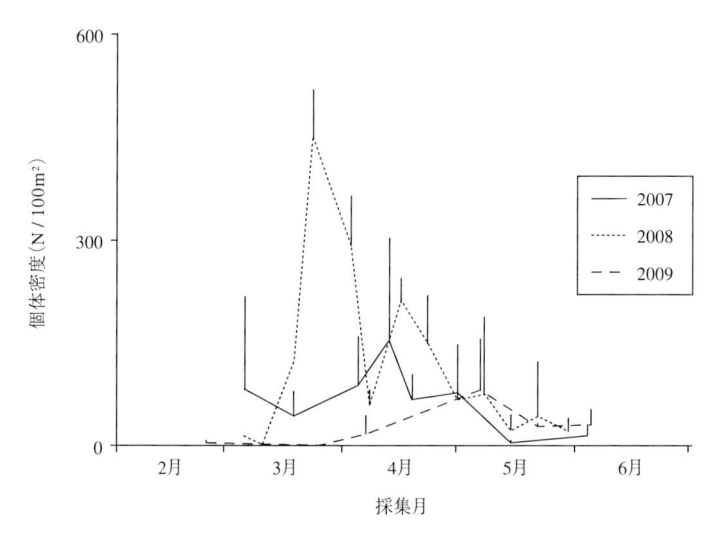

図 5・3　2007～2009 年に採集されたシロメバル稚魚の個体密度の変動. 縦棒は標準偏差を示す．ガラモ場への来遊初期である 3 月における個体密度の年変動は大きいが，5 月下旬には約 30 尾/100 m^2 に収束していた．

長が昼夜間で有意に異ならなかったことから*，本解析に用いた日中の採集データが100％に近い採集効率のもとで得られたと仮定した．

　魚類生産速度を評価するために現存量のみを指標とした場合には推定誤差が生じやすい．例えばシロメバル稚魚の場合，ある日に藻場で採集されたサンプルの中に大小様々な体サイズの稚魚，つまり，産まれ時期の異なる個体が混在している．このとき，採集された稚魚の個体数やバイオマスだけを計測しても，産まれ時期により成長・死亡率が異なるために，生産速度を正確に評価することはできない．そこで，シロメバル稚魚の生産速度をコホート別に解析した．採集された稚魚を産仔時期ごとの集団（コホート）に区分して，その個体群動態を追跡することにより，より精度の高い生産速度の推定を試みた．産仔日の推定には，稚魚の頭部にある硬組織の耳石（礫石）を用いた．他の多くの魚種と同様に，メバル属魚類においても耳石日周輪をもとにした日齢推定が可能である[16]．

　当海域で2007～2009年に採集されたシロメバルの産仔時期は12月中旬～2月中旬であった．各年とも12月中旬～2月中旬まで10日ごとの産仔時期コホートに稚魚を区分し，各コホートが全長50 mmに達した後のバイオマス（g/100 m^2）の総和を当ガラモ場におけるシロメバル稚魚の年間生産速度（g/100 m^2/年）とみなした．その結果，2007，2008，2009年の年間生産速度はそれぞれ23.8，78.5，79.1 g/100 m^2/年，面積1 ha当たりに引き延ばした場合は2,400～7,900 gと見積もられた．

　瀬戸内海のなかでもメバル類が需要の多い水産資源として位置づけられている広島県では，増養殖向けに種苗1尾（全長約50 mm，体重約1.0 g）が約50～300円で取引されている[17]．ここでは，1尾当たりの最低値（50円）をもとにして上記のガラモ場におけるシロメバル稚魚生産（2,400～7,900 g/ha/年）の経済価値を試算すると，約12～40万円/ha/年となる．さらに，これらの値が瀬戸内海の平均的値であると仮定して瀬戸内海全域のガラモ場の面積（5,511 ha）[18]に引き延ばした場合，シロメバル稚魚生産が生みだす経済価値は約7～22億円/年となる．

　以上の試算値は，ガラモ場滞在期初期（全長約20～50 mm）のシロメバル稚

---

* 木下ら：平成21年度日本水産学会秋季大会講演要旨集, p.22（2009）

魚生産を対象としたものであるが，稚魚期以降の生産についても推定を試みた．過去3年間の野外データをもとに，毎年5月における個体密度の収束値（約30尾/100 m^2：図5・3）を初期値とした．稚魚期以降の減耗率にはメバル属魚類漁獲データ[19]による推定値を用い，各年齢のシロメバル現存尾数を求めた．年齢ごとの体重データ[19]をもとに算出された1〜7歳までのシロメバルのバイオマスの合計は約123 kg/ha，瀬戸内海周辺でのメバル属魚類市場価格の平均的値（1,300円/kg）[20]をもとにした経済価値は約16万円/haと推定された．

しかしながら，これらの値はあくまでも1ヶ所のガラモ場における調査をもとにした試算結果である．今後，魚類生産速度に関する推定精度を高めるためには，様々な条件のガラモ場での調査，稚魚期から資源・再生産加入期までの全生活史を通じて評価する取り組み，シロメバル以外の魚種の生産過程の定量評価などを含め，ガラモ場の供給サービスを包括的に理解するための研究の発展が必要不可欠である．

§3. ガラモ場の環境特性とシロメバル生残の関わり

魚類生産過程を把握する際に重要なデータとなる分布密度や成長の解析は様々な魚種において数多くなされてきたが，減耗（死亡）に関する知見は非常に乏しい状況にある．ここでは，ガラモ場生活期のシロメバル稚魚の繰り返しサンプリングにより減耗率を推定した事例を紹介する．先述のガラモ場において2008年2〜5月に1〜2週間に1回の頻度で採集を実施した．耳石日周輪解析により構築した日齢−全長関係をもとに全個体の産仔日を推定して10日ごとの産仔時期コホートに区分した．このうち，解析に十分な個体数が得られた1月上旬〜2月中旬産まれのコホートの分布密度の変動を追跡して減耗率の推定を行った．あるコホートの分布密度が最大となった日以降の個体密度の減少過程を指数関数曲線で回帰する方法[21]で減耗率を推定したところ，後期誕生コホートほど減耗係数が高くなっていた（図5・4）．調査地の環境条件としていくつかの物理，生物要因（水温，塩分，餌料生物量など）を検討した結果，ガラモの繁茂状況の指標となる空間占有率（ガラモが空間を占める割合）と減耗係数の間に負の相関関係が認められた（図5・5）．つまり，衰退が進行したガラモ場で過ごす遅生まれ・後期来遊コホートにおいて藻場滞在期の減耗係数が高い傾向にあった．

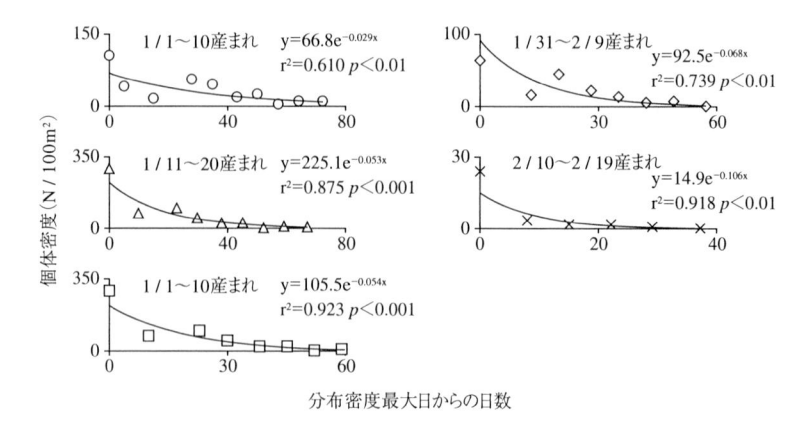

図5・4 2008年1月上旬～2月中旬産まれの5つのコホート(産仔日10日ごと)の個体密度の減少過程.

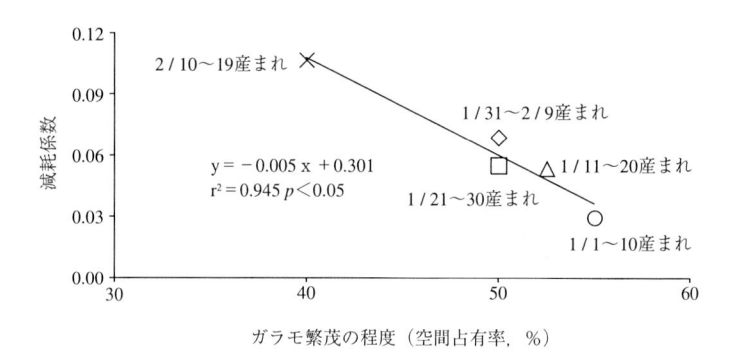

図5・5 各コホートのガラモ場来遊初期におけるガラモ繁茂(空間占有率)と減耗係数の関係.
ガラモ場来遊時に高い繁茂率を経験したコホート(早期産仔群)ほど減耗係数が低いことがうかがえる.

過去に行われた室内実験では，ガラモ，アマモなどの構造物の存在が，稚魚の被食減耗率に影響することが確かめられている(図5・6)[22]. 加えて，近年，藻場の存在が稚魚の被食減耗率に与える影響は捕食者特異的であることが明らかにされ(4章を参照)，その一例として待ち伏せ型の捕食者であるアサヒアナハゼによる稚魚の捕食は藻場が存在する場合に起こりやすいことが確かめられている[23]. その一方で，追いかけ型の捕食者であるムツによる捕食圧は，アマモの存在により低下することも確認されている．本章の対象であるガラモ場来遊

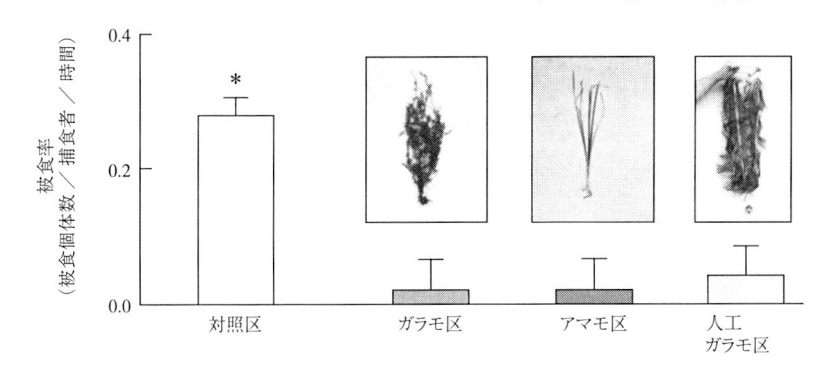

図5・6 メソコスム（1,000 l/水槽）において稚魚（マダイ20個体）と捕食者（タイリクスズキ2個体）を用いて実施した被食実験の結果（Shoji et al.[22]）を改変．
繰り返し6回．縦棒は標準偏差を示す．水槽内に構造物が存在しない対照区に比べ，ガラモ区，アマモ区，人工ガラモ区では稚魚の被食率が有意に低かった（*$p<0.05$）．

直後のシロメバル稚魚はガラモから一定の距離を保って群泳しているため，待ち伏せ型の捕食者よりも，スズキやメバル類のような追いかけ型の捕食者による被食の影響が相対的に大きいと考えられる．

上記のフィールド調査と室内実験の結果から，シロメバル稚魚の減耗率は藻場の繁茂状況に左右されやすいと想定される．瀬戸内海中央部を例にとった場合，ガラモが衰退する夏季には稚魚にとってのシェルター機能が低下することが予測される．ガラモ場とは逆に，夏期に繁茂するアマモ場は，ガラモが衰退した後にシロメバルの生息場として相対的に重要となる．したがって，ガラモ場につづくシェルターとして利用可能なアマモ場が周辺に存在することによって，ガラモ場で生産されたシロメバル稚魚のその後の生残率が高まると推定される．シロメバル稚魚が移動可能な範囲にガラモ場だけが存在する場合に比べて，ガラモ場とアマモ場の両方が存在する場合には，藻場の消長に応じてシロメバル稚魚がガラモ場からアマモ場へ移動することによって被食シェルターとなる藻場を長期間利用することが可能となり，稚魚期を通じた累積的な生残率が高まるものと予測される（図5・7）．

沿岸環境の保全，再生の重要性が叫ばれるなかで，高い魚類生産を達成するための生息場の保全を効果的に進めるためには，まず各魚種の生活史特性を精査したうえでそれらの利用対象となる生息場を明らかにすることが不可欠である．

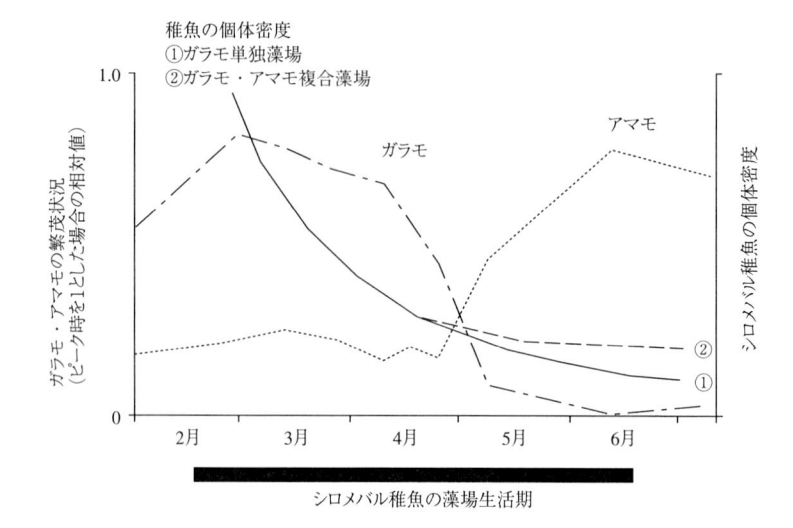

図5・7 藻場生活期におけるガラモとアマモの繁茂状況とシロメバル稚魚の個体密度減少過程の模式図.
シロメバルは全長約 20 mm で 2 月下旬～3 月上旬にまずガラモ場へ来遊する.瀬戸内海中央部では 4 月以降のガラモ場の衰退が著しく,5 月にはアマモ場の繁茂が進行する.構造物としての藻場の存在が稚魚の被食減耗率を低下させる場合は,ガラモ単独藻場(①実線)よりもガラモ・アマモ複合藻場(②破線)において,被食シェルターとしての効果が長期間発揮され,藻場生活期(2 月末～6 月)を通じた累積的死亡の総量は低いと推定される.

本章で紹介したシロメバルにとってのガラモ場とアマモ場のように,重要な生息場として複数の生態系を利用する水産業上重要種は多く存在する.各魚種の利用対象となる生態系を包括的に保全する取り組みが資源の保全を効果的に進めるうえで今後重要となるであろう.

文　献

1) Costanza R, d'Arge R, de Groot R, Farber S, Grasso M, Hannon B, Limburg K, Naeem S, O'Neill RV, Paruelo J, Raskin RG, Sutton P, van den Belt M. The value of the world's ecosystem services and natural capital. *Nature* 1997; 387: 253-260.
2) 大野正夫.ガラモ場内の環境.「藻場・海中林」(日本水産学会編)恒星社厚生閣.1981; 75-92.
3) 布施慎一郎.ガラモ場における動物群集.生理生態 1962; 11: 23-45.
4) 櫻井　泉,金田友紀,中山威尉,福田裕毅,金子友美.北海道石狩沿岸のガラモ場における魚類群集の食性.日水誌 2009;

75：365-375.
5) Ornellas AB, Coutinho R. Spatial and temporal patterns of distribution and abundance of a tropical fish assemblage in a seasonal *Sargassum* bed, Cabo Frio Island, Brazil. *J. Fish Biol.* 1998；53：198-208.
6) Aburto-Oropeza O, Sala E, Paredes G, Mendoza A, Ballesteros E. Predictability of reef fish recruitment in a highly variable nursery habitat. *Ecology* 2007；88：2220-2228.
7) Beck MW, Heck KL, Able KW, Childers DL, Eggleston DB, Gillanders BM, Halpern B, Hays CG, Hoshino K, Minello TJ, Orth RJ, Sheridan PF, Weinstein MP. The identification, conservation, and management of estuarine and marine nurseries for fish and invertebrates. *BioScience* 2001；51：633-641.
8) 佐野光彦, 中村洋平, 渋野拓郎, 堀之内正博. 熱帯地方の海草藻場やマングローブ水域は多くの魚類の成育場か. 日水誌 2008；74：93-96.
9) Kai Y, Nakabo T. Taxonomic review of the *Sebastes inermis* species complex (Scorpaeniformes: Scorpaenidae). *Ichtyol. Res.* 2008；55：238-259.
10) Harada E. A contribution to the biology of the black rockfish; *Sebastes inermis* Cuvier et Valenciennes. *Publ. Seto Mar. Biol. Lab.* 1962；10：163-361.
11) 布施慎一郎. メバルとアマモ場・ガラモ場との関係.「藻場・海中林」（日本水産学会編）恒星社厚生閣. 1981；24-33.
12) Nagasawa, T, Yamashita Y, Yamada H. Early life history of mebaru, *Sebastes inermis* (Scorpaenidae), in Sendai Bay, Japan. *Jpn. J. Ichtyol.* 2000；41：231-241.
13) Plaza, G, Katayama S, Omori M. Abundance and early life history traits of young-of-the-year *Sebastes inermis* in a *Zostera marina* bed. *Fish. Sci.* 2002；68：1254-1264.
14) Love MS, Carr MH, Haldorson LJ. The ecology of substrate-associated juveniles of the genus *Sebastes*. *Environ. Biol. Fish.* 1991；30：225-243.
15) Kamimura Y, Shoji J. Seasonal changes in the fish assemblages in a mixed vegetation area of seagrass and macroalgae in the central Seto Inland Sea. *Aquaculture Sci.* 2009；57：233-241.
16) Plaza, G, Katayama S, Omori M. Otolith microstructure of the black rockfish, *Sebastes inermis*. *Mar. Biol.* 2000；139：797-805.
17) 平成18年度栽培漁業種苗生産, 入手・放流実績（全国）. 水産庁・独立行政法人水産総合研究センター・（社）全国豊かな海づくり推進協議会. 2008.
18) 海域生物環境調査報告書 第2巻 藻場. 環境庁自然保護局, 財団法人海中公園センター. 1994.
19) 横川浩治, 井口政紀, 山賀賢一. 播磨灘南部沿岸海域におけるメバルの年齢, 成長, および肥満度. 水産増殖 1992；40：235-240
20) 市場年報（水産物編）. 広島市中央卸売市場. 2004.
21) Rooker JR, Holt SA, Holt GJ, Fuiman LA. Spatial and temporal variability in growth, mortality, and recruitment potential of postsettlement red drum, *Sciaenops ocellatus*, in a subtropical estuary. *Fish. Bull.* 1999；97：581-590.
22) Shoji J, Sakiyama K, Hori M, Yoshida G, Hamaguchi M. Seagrass habitat reduces vulnerability of red sea bream *Pagrus major* juveniles to piscivorous fish predator. *Fish. Sci.* 2007；73：1281-1285.
23) Horinouchi M, Mizuno N, Jo Y, Fujita M, Sano M, Suzuki Y. Seagrass habitat complexity does not always decrease foraging efficiencies of piscivorous fishes. *Mar. Ecol. Prog. Ser.* 2009；377：43-49.

6章　河口・干潟域における漁業資源生産

浜口昌巳[*1]・藤浪祐一郎[*2]・山下　洋[*3]

　河口・干潟域は陸域からの物質供給の影響により，高い生物生産力を有している．そこには，森林などの自然環境のほか，田畑や都市などの人工的な環境からも多様な栄養物質が河川を介して供給される．これに加えて，河口・干潟域の物理的特徴である「エスチュアリー循環（河口循環流）」により，沖合の栄養塩が河口域に運ばれ，さらに生物生産力を高めている[1]．

　河口域にはアマモ場，干潟および砂浜海岸などが発達し，ゴカイ類，巻貝類，二枚貝類，小型甲殻類などの多種多様な生物のバイオマスが大きく，それらが直接漁業資源として活用されるとともに，餌とする魚介類が集まる．とくに，クルマエビやガザミなどの介類のほか，ヒラメ・カレイ類，スズキ，アユなどの沿岸魚類の成育場[2,3]や，サケ科魚類やウナギなど川と海を行き来する回遊魚の休憩場所であり通過点としての役割は重要である．さらに，河口・干潟域はノリなどの海藻養殖の場としても利用されている．

　しかし，高度経済成長期前後からの海岸域への人口流入により，我が国ではアマモ場も含めた大規模な河口・干潟域のほとんどが，都市開発や工業用地として埋め立てられた．一方，河口・干潟域の生態系サービスを生み出す生態系機能は，埋め立てなどによる直接的な消失以外にも，都市排水などの陸域からの過剰な負荷や，ダムや堰建設により河川の土砂供給が減少することなどの影響を受けている．このように，河口・干潟域は直接・間接的に人間活動の影響を強く受ける場所であるが，生態系サービスの観点からは最も経済的価値が高い場所のひとつとして位置付けられている（2章図2・6）．したがって，河口・干潟域の生態系サービスを維持，向上させるために我々自身が行うべきことは多い．

　[*1]（独）水産総合研究センター瀬戸内海区水産研究所
　[*2]（独）水産総合研究センター宮古栽培漁業センター
　[*3] 京都大学フィールド科学教育研究センター

その取り組みの1つとして，近年，干潟域の人為管理のために"里海"という概念が注目されている．しかし，"里山"には明確に人的影響により生態系機能が高められている事例があるが，そもそも"里海"にはそのような事例はほとんど存在せず[4]，今のところ言葉のイメージが先行している感がある．持続可能な漁業は豊かな生態系の賜物であるので，今後の漁業のあり方を考えるためには，より広範囲で具体的な生態系機能の評価やその保全策が必要になると考えられる．

§1. 河口・干潟域の環境特性

　河口域は文字通り河川が最終的に海と出会う場所であるが，地形などによっては生物生産への寄与が異なり，内湾・内海域に注ぐ河川では低塩分域（塩分勾配の変化を伴うエリア）が空間的に大きく広がるのに対し，外海に注ぐ河川では河川と海域の境界が不明瞭である．河口域の特性と生物生産の構造は，巨大な河口域である中海・宍道湖の事例を中心にまとめた宮本[5]や，森や川との繋がりを中心にまとめられた山下・田中[3]で詳細に解説されており，その一部は，本章の§3. で紹介する．

　干潟は，その形成場所によって前浜干潟，河口干潟，潟湖干潟，また，底質の違いによって泥質干潟，砂質干潟などの種類に分けられる．我が国の干潟の大部分は河口域に形成されているので，ここでは主に河口干潟について説明する．河口干潟は，干満差の大きな太平洋側に多く，なかでも有明海，瀬戸内海，伊勢湾，三河湾，東京湾などの内湾・内海域で広大な干潟域が発達している．

図6・1　中津干潟の風景．A：中津川河口のヨシ原，B：転石帯と砂質干潟．

このような干潟のなかで，開発が進んでいない場所では川との接点となる部分で塩性湿地が見られる．したがって，我が国本来の河口干潟は，河川域から始まり，塩性湿地から大潮の干潮時に数時間程度干出する潮間帯上部，潮間帯下部，そして，なだらかな海底勾配をもつ潮下帯で構成され，それぞれの部分で生じる環境勾配に沿って多種多様の生物がすみ分けていたと考えられる．

瀬戸内海西部の周防灘には有明海に次ぐ，6,409 ha もの広大な干潟域が残されている．瀬戸内海の干潟の大部分は高度経済成長期前後に開発されたが，ここではその時期の開発は 1.3 ％に留まり，現在でも自然干潟が残されている[6]．周防灘沿岸では，大規模な河川は少ないが規模の小さな河川が連続しており，その河口部には塩性湿地と呼ばれるヨシ原が存在している．塩性湿地には，オカミミガイ，シイノミガイ，クロヘナタリ，シマヘナタリ，カワアイなどの貝類の他，シオマネキやハクセンシオマネキなどが生息しており，同干潟の中では最も生物の多様性が高い場所である（図 6・1A）．塩性湿地より海側では，干潟上部に小型の転石帯が存在し，ホソウミニナ，ウミニナ，イボウミニナなどが生息しており，さらに沖合には大潮の干潮時に岸から 1〜2 km の広大な砂質干潟が拡がっている（図 6・1B）．そこには，アサリ，シオフキ，バカガイ，イボキサゴ，ガザミ，イシガニなどが生息し，砕波帯付近にはイシガレイなどの異体類の稚魚が見られる．

周防灘の干潟に出現する生物の多くは，他の地域の干潟では希少となった種が多く，瀬戸内海本来の干潟の生態系や生物多様性を知るために貴重である．そこで，環境省モニタリングサイト 1000（http://www.biodic.go.jp/moni1000）や生態系モニタリングプロジェクト JaLTER（Japan Long-term Ecological Research Network :http://www.jalter.org/）（10 章を参照）によって定期的に調査されており，今後も引き続きモニタリングが継続されることになっている．

§2. 河口・干潟域の生態系サービス

生態系サービスの経済的価値を議論する際に必ずと言っていいほど引用される Costanza et al.[7] では，生態系サービスは 17 の項目に分類されているが，ここでは個々の生態系サービスの表記は，1 章の記述に従う．河口・干潟域の生態系サービスとして主なものは，"栄養塩循環"であり，ついで，魚介類などの

水産対象種を提供することによる"食料供給",魚介類の幼稚仔の成育場としての"保護",潮干狩りなどの"レクリエーション",景観としての"文化的資源"などがあげられる.このうち,"栄養塩循環"や"文化的資源"というのは量としてとらえがたい概念である.前者は"浄化作用"とした方がわかり易いと考えられるので,以下このように表記する.後者は,例えば,有名な観光地である安芸の宮島の朱塗りの大鳥居は干潟に立っており,その背景や厳島神社の歴史を含めての"文化的資源"といえる.

水産の見地からは,これらの生態系サービスのうち"浄化機能","食料供給","保護"が重要となる.本書のテーマの1つに生態系サービスの定量的評価があるが,このうち,"浄化作用"は下水処理施設の建設費として価値計算されている.青山ら[8]は三河湾の一色干潟の現場調査やチャンバー法による実験結果から懸濁物除去能力を算出し,その能力をもつ下水道処理施設の建設費用と比較した結果,一色干潟全体で建設費用878.2億円の下水道施設に相当すると試算している.また,干潟生産力改善のためのガイドライン[9]では,様々な文献情報により三河湾内の一色干潟の価値を計算しており,河口・干潟域のもつ主要な生態系サービスのうち"浄化作用"では40億円/年,"食料供給"では30億円/年,"保護"では20億円/年と見積もっている.ちなみに,松田・加藤[10],中部国際空港の事例を引用し,漁業補償によりその影響の評価を決めているが,それでは"食料供給"のみの評価に過ぎず,"浄化作用"のような重要な生態系サービスが評価されていないのではないか,と指摘している.

しかし,河口・干潟域の特徴としては"浄化作用"と"食料供給"といった主要な生態系サービスの大部分が,濾過食を行うマクロベントスによって同時に発揮されていることである.先に引用した青山ら[8]では,三河湾一色干潟で"浄化作用"を主に担うのはマクロベントスであり,その大部分はアサリであった.一方で,アサリは同時に"食料供給"(漁業)の機能も担うため,アサリなど干潟の二枚貝は我が国の干潟のもつ主要な生態系サービスにおける鍵種と言える.

§3. 二枚貝生産と河口・干潟域

干潟域には多種の二枚貝が生息するが,河口・干潟の代表的な水産対象種で

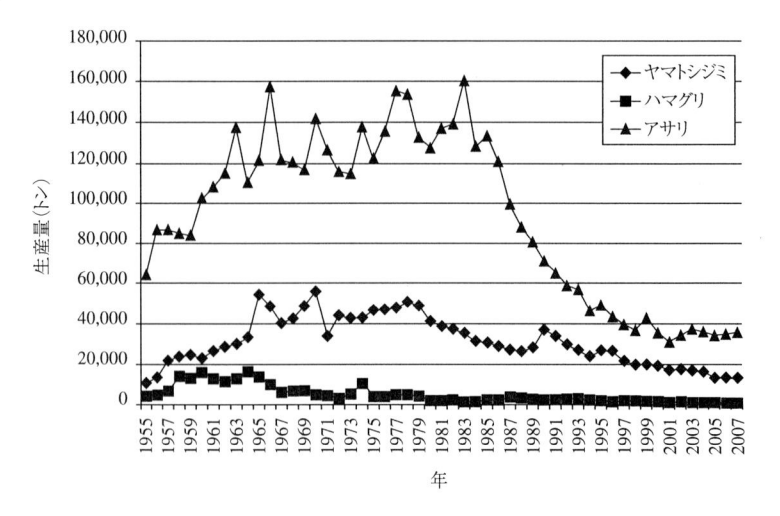

図6・2 我が国のヤマトシジミ，ハマグリ，アサリの漁獲量の変遷.

あるヤマトシジミ，ハマグリ，アサリを例にして生産機構を説明する．まず，これらの漁獲量の変化を「漁業・養殖業生産統計年報」などで調べてみると，いずれの種も近年減少傾向にあるが，種によって減少する時期が異なり，ハマグリは1960年代後半，ヤマトシジミは1970年代後半，アサリは1980年代後半以降減少している（図6・2）．この時期は，1964年に全面的に改正された河川法による河川改修事業が進むとともに，高度経済成長期に対応して国内各地で沿岸開発が進み，河口・干潟が埋め立てられた時期に該当する．干潟二枚貝の減少が，河川に依存するヤマトシジミ，ハマグリから始まっているのは，前述のように河川〜河口・干潟域の開発などと関連しているのかもしれない．そのなかで，埋め立てなどによる場の喪失に加えて，ダムや河口堰，垂直護岸，沿岸道路や海上空港など人間生活の利便性を向上させるものの建設も間接的に関連していると考えられる．しかし，干潟におけるこれら二枚貝の漁獲量の減少は，"食料供給"を激減させるとともに，河口・干潟域が提供する生態系サービスのうち最も高く評価されている"浄化作用"を大きく低下させ，その結果として人間が自然から受ける恵みが大きく減少することになる．

　河口・干潟域の生態系サービスを向上させるためには，二枚貝資源の保全と回復が重要である．一般に，干潟に生息する二枚貝は発生初期に浮遊幼生期を

もつので，浮遊幼生の到達範囲内の海域単位で，浮遊幼生を通じた干潟間の"繋がり"（連結性：connectivity）が生じる．そのため，この繋がりを考慮して，海域単位内で供給源−吸収源（source-sink）の関係を把握し，二枚貝の生息場所を保護・再生するとともに，漁獲制限や保護区（marine protected area：MPA）の設定などの個体群の管理を行う必要がある．ちなみに，近年，アサリの漁獲量が減少している場所が多いなかで三河湾一色干潟のアサリ漁獲量は安定している．最近の愛知県の報告[11]によると，同干潟では漁獲量の3〜4倍の資源量が存在することが明らかにされた．すなわち，干潟のもつ生態系サービスを持続的に発揮させるためには，漁獲量の数倍程度の資源量が必要と考えられ，この値は資源管理やMPAなどの設定の際の参考になる．

　それでは，二枚貝資源を再生・保全し，河口・干潟域の生態系サービスを保つためには，何をするべきであろうか？　それには，土砂や栄養塩物質を供給する山（森），川，海の繋がり（他圏との繋がり：縦方向の連結性）と，沿岸域における干潟間の繋がり（地域個体群間の繋がり：横方向の連結性）を調べる必要がある（図6・3）．

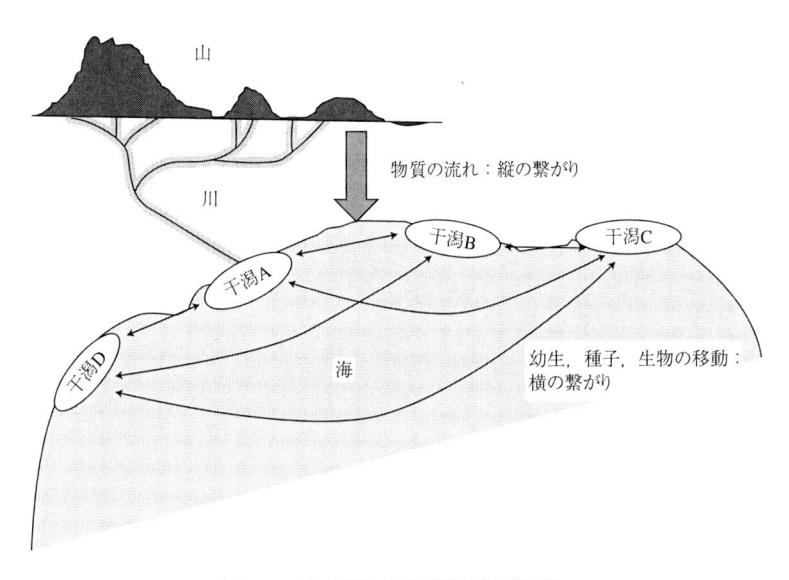

図6・3　河口干潟における縦と横の繋がり．

まず，河口・干潟域は文字通り河川と海の出会うところに形成されているため，森・川・海との関連が重要であり，これが縦のつながりである．森・川との関わりは後の魚類生産に占める河口・干潟域の解説の後に別項で説明するのでここでは割愛する．ただ，縦の繋がりにはこのような大きなスケールのものだけでなく，例えば，干潟とアマモ場といったような極めて近隣する関係も含まれる．北海道のアサリ漁場にはアマモが繁茂しており，また，本州のアサリ漁場でも，多くの漁民からアサリの資源保護にはアマモ場が必要という意見を聞く．メソコズム実験によっても，アサリはアマモが共存することによって成長がよいという結果が得られている[12]．このような事例も"縦"の繋がりのひとつと考えられる．

一方，"横"の繋がりとは，アサリなど干潟で見られるベントス類のほとんどが浮遊幼生期を有し，浮遊幼生の交流により互いに連結性をもっていることを指す．干潟に生息するベントスにおいて，距離的に離れた個体群（干潟と表現できる）の間に連結性があることを証明した事例として，我が国では玉置ら[13]の1979年から現在まで続く熊本県富岡湾干潟でのハルマンスナモグリとイボキサゴの一連の研究がある．さらに，玉置[14]はこれらの研究成果に加え，海洋ベントスのメタ群集に関する文献を網羅的に集めて"横"の繋がりについて詳細に解説しているので一読されたい．

国内におけるその他の事例には，鈴木ら[15]の三河湾，Kasuya et al.[16]の東京湾の事例がある．それぞれアサリを用いているが，Kasuya et al.[16]は東京湾でHFレーダーによるリアルタイムでの流れの観測とともに，時空間的に詳細な野外調査を行った結果を取り入れた海水流動数値シミュレーションにより東京湾でのアサリ浮遊幼生の動態を調べ，東京湾内の干潟間のアサリ浮遊幼生の繋がりを明らかにした．従来のアサリ調査は，それぞれの漁場内という限られた範囲内でのみ行われていたが，これらの研究例は，その持続的生産を考える上では，幼生の輸送を考慮したより広い範囲で干潟間の関係を調べる必要があることを示している．

このことは，海岸開発，例えば埋め立てによってある干潟が消失した場合，その影響はその干潟と浮遊幼生を通じて繋がった他の干潟にも及ぶことを意味する．また，埋め立てのような直接的な場の喪失だけではなく，海の流れを変化させる海岸開発（例えば，湾岸道路や海上空港など）では，本来到達すべき場所に

浮遊幼生が運ばれなくなり，資源が減少するといった影響を生じる可能性を示唆している．また，1章では，種の多様性が高いほど，環境の攪乱に対する生態系機能の抵抗性が高くなることを示しているが，干潟間の"横"の繋がりが強固であると環境の攪乱に対する抵抗性が高くなる．そして，これらのことが河口・干潟域の生態系サービスにも影響を与えることになる．

では，生態系サービスの機能を発揮させるための生態系保全を考える際には，どのような方法や範囲内でこの"横"の繋がりを評価すべきか．これについて，浜口ら[17]は，浮遊幼生期をもつ海産ベントスを対象とし，直接的な浮遊幼生動態調査，海水流動数値シミュレーション，およびマイクロサテライトマーカー（以下，MSマーカーとする）などの高精度遺伝子マーカーによる調査について説明している．

例えば，アサリでは野外での大規模な幼生動態を調べるための浮遊幼生の簡易識別法（特許第2913026号），MSマーカー[18]およびミトコンドリアDNA全長解析と新規のMSマーカーを加えた詳細な解析方法（特願2009－812678）などが開発されている．しかし，対象となる生物種によって浮遊期間や拡散・行動特性が異なるために，この"繋がり"の範囲は一様でなく，それぞれの対象種によって調査方法や範囲を変えなければならない．いずれにしても河口・干潟域の生態系サービスを健全に保つためには，それに関与する鍵種の復元力（resilience）を高めるために，"縦"・"横"の関係をしっかりと把握し，適切な保護・管理方策を立てることが必要となる．

§4．河口域と魚類生産

河口・干潟域の魚介類生産機能は多様で複雑であるが，河口域では以下の点で仔稚魚の成育に有利と考えられる[3, 19]．

①河川やエスチュアリー循環を通じた栄養供給が多く，一次生産が高いので仔稚魚の餌となるカイアシ類やアミ類なども多い．

②潮汐差が大きい有明海，瀬戸内海などでは，沈降粒子の再懸濁作用により一次・二次生産が高まる

③塩分などの大きな環境変動に耐性のある種しか生息できないので，餌や生息空間の競合を回避できる．

④比較的水深が浅く塩分変動が大きい環境であり,捕食者の種や数が限られる.

⑤河川水と海水が強混合する河口域では高濁度水塊が形成され,視覚的捕食者を回避できる.

一方,デメリットとして,塩分の変化に対応した浸透圧調節のためにコストがかかることや,河川流量変動などの突発的な環境変動が大きいので,スズキに見られる産卵期を長期化するなどの生態戦略の必要性が考えられる[20, 21].

では,実際の野外環境ではどうなのであろうか？ 三陸宮古湾の湾奥部に広がる津軽石川河口域を例に,魚類の成育場としての機能に着目した.三陸のリアス式海岸の1つである宮古湾は湾口部4 km,湾奥まで9 kmの半閉鎖的な奥まった湾であり,湾中部に閉伊川（流程75.7 km,流域面積972 km^2）,湾奥部には津軽石川（13.1 km,159 km^2）が流入する（図6・4）.閉伊川は中規模河川であり流量は津軽石川に較べてはるかに多いが,河口域に宮古市街地が発達し,河口域のほとんどが護岸され人間活動に利用されている.一方,津軽石川河口につ

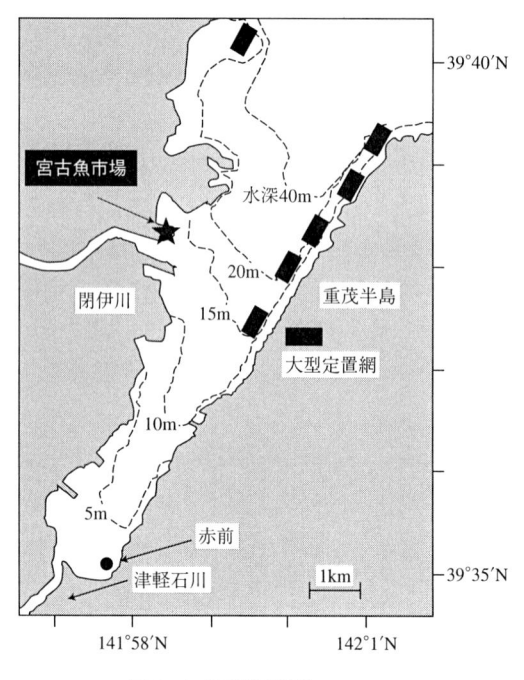

図6・4 宮古湾の地形.

ながる湾奥域には自然環境が残され,アマモ場が発達する.閉伊川の河口では魚類稚魚はあまり採集されないが,津軽石川の河口域は,天然のヒラメ,クロソイなどの仔稚魚の成育場であり,ニシンの産卵・成育場ともなる.また,水産総合研究センター宮古栽培漁業センターを中心とした栽培漁業技術研究の主要な実験フィールドとして,対象となるサケ,ニシン,クロソイ,ヒラメ,ホシガレイについて種苗放流が行われ,放流種苗の生態と放流効果について詳しい研究が実施されてきた[22].これらの魚種の大半は漁獲加入後に宮古魚市場に水揚げされ,宮古栽培漁業センター職員により市場の全開設日に市場調査が実施されていることから,津軽石川河口域の生産力を漁獲金額などに置き換えて推定するうえで,宮古湾は絶好の研究対象海域である.以下では2001〜2008年のデータを基礎に,津軽石川河口域におけるこれら5種の生産について検討した（表6・1）.

サケは湾内2河川で毎年合計6,700万尾前後の種苗が放流され,2001年〜2005年放流群の回収率は1.5％前後であった[23].回帰親魚の大半は湾口部で採

表6・1 津軽石川河口域を成育場とした5種の種苗放流数,市場回収率,漁獲量,漁獲金額の推定（上段は範囲,下段は平均）

	放流数 (千尾)	市場回収率 (%)	漁獲量 (トン)	漁獲金額 (100万円)
サケ	65,843〜68,904 61,910	0.8〜2.0 1.4	3,832.9〜6,790.0 5,399.8	998.35〜2,398.10 1,526.45
ニシン	130〜550 390	0.01〜0.34 0.12	0.2〜2.3 1.3	0.38〜2.05 1.17
クロソイ	21〜24 23	1.1〜6.1 3.8	2.3〜4.2 3.1	1.67〜2.55 2.09
ヒラメ	62〜95 79	2.6〜4.2 3.0	8.9〜23.7 14.6	12.31〜28.12 20.73
ホシガレイ	5〜22 14	1.5〜15.7 5.5	0.2〜0.7 0.4	0.32〜1.05 0.62

漁獲量は宮古魚市場水揚量（天然魚・放流魚の合計）,2001〜2008年.
漁獲金額は宮古魚市場水揚げ金額（天然魚・放流魚の合計）,2001〜2008年.
サケ：放流数は2001〜2008年,回収率＝当該年採捕数/4年前放流数,（2001〜2005年放流群）.
ニシン：放流数2001〜2007放流群,回収率は大河内[35]より,漁獲量・金額は定置網と磯建て網のみ.
クロソイ：放流数と回収率は2004〜2007年放流群.
ヒラメ：放流数と回収率は2002〜2006年放流群.
ホシガレイ：放流数と回収率は2000〜2005年放流群.

捕されるが，湾内の津軽石川および閉伊川河口で漁獲された個体数比はおよそ3：1であった．

ニシンは，1984年から種苗放流が開始され，当時はほとんど漁獲のなかった資源が近年は湾内の漁獲量だけで1トンを超える[24]．近年の漁獲物中に占める放流魚の割合は1割程度にすぎない．津軽石川河口域には天然の産卵場が形成されており，漁獲加入魚の大半はそこで再生産された天然資源と考えられる．

クロソイ水揚げ個体のうち放流魚の割合は3割程度である．クロソイ天然魚は宮古湾奥部の藻場を成育場として利用し，この海域が主要な放流場ともなる[25]．クロソイについても，ニシンと同様に種苗放流開始以降漁獲量は4倍に増加しており，種苗放流により新たな天然資源が構築されたことが示唆される．

ヒラメ稚魚の成育場は砂浜海岸に形成されるが，宮古湾内では規模の大きい砂浜海岸は津軽石川河口域のみであり，この海域が本種天然魚と放流種苗の主要な成育場となる．宮古湾内とその周辺海域で安定的に漁獲されるヒラメの多くが，津軽石川河口域で生産されたことが推察される[26]．

宮古湾にはホシガレイ天然魚がほとんど生息しないことから，宮古魚市場に水揚げされた個体のほとんどは津軽石川河口域放流個体と推定される．Wada et al.[27]は，様々な条件で放流実験を行い，全長8cm以上の種苗を7月に河口域に放流した場合に，7〜15%の高い市場回収率が得られることを報告した．

上記5種は，閉伊川で放流されたサケ種苗を除くと，漁獲加入した天然魚，放流魚のどちらも，その多くが津軽石川河口域を成育場としたことが考えられる．これら5種の主要な成育場として，赤前と呼ばれる津軽石川河口南側に隣接する海岸線1km程度の海域が注目される（図6・4）．砂泥底にアマモ場が散在する塩分20〜30の汽水域である．2006年を例にとると，2〜5月にサケ47,341千尾（津軽石川放流），4月にニシン296千尾，6〜7月にクロソイ24千尾，9月にヒラメ79千尾が放流され，同時に多くの天然稚魚が赤前で生産されたことになる．このような特定海域への大量の種苗放流では，餌生物をめぐる競争が重要な問題となる．宮古湾においてもサケ稚魚によるニシン稚魚の捕食[28]や天然稚魚との競争が懸念されるが，今のところ重大な負の影響は認められていない．これらのことは，赤前という河口浅海域の生産力がいかに高いかを示している．このような高い稚魚生産力を支える要因の1つとして，赤前では，稚魚にとっ

て好適な餌料生物である汽水性のイサザアミ Neomysis awatchensis や，ヨコエビ類の中では大型のモズミヨコエビ Ampithoe valida などのバイオマスが大きいことが明らかにされている[25, 28, 29]．

例えば 2006 年の宮古魚市場の水揚げ額を用いて，津軽石川河口域成育場で生産された魚類の水揚げ金額を推定すると，サケ 13.7 億円，その他 4 種の合計で 2,500 万円程度となる．この他にも，アユやシラウオなどの水産有用種が，本河口域を成育場としている．また，これらの資源は，漁獲物を基盤とした水産加工業者の雇用や，遊漁・民宿などの観光産業に対しても大きな貢献を果たしている．

宮古湾津軽石川河口域では，河口より海側の魚類成育場についてその役割を検討した．一方，河床勾配の緩い河川では 20 km に及ぶ感潮域が知られており，河川下流の感潮域や河口に付属する汽水性潟湖も，海産魚類の重要な成育場として利用されている．スズキやイシガレイなどは，広く外海の浅海域を成育場とするが，潟湖や河川感潮域にも侵入して海とは異なる生物生産システムを利用している[21, 30-32]．面積的には外海側の成育場の方が圧倒的に広大であるが，漁獲加入資源の多くが河口側で生産された例も報告されている[30, 31]．

§5. 河口・干潟域と森川海の繋がり

森林，農地，都市などにより構成される陸域と，河川，沿岸海洋域は，物質循環などにより密接に連環した不可分の生態系システムである．河口域は流域で生産された水，栄養物質，有機物，土砂，有毒物質などの海への供給口となることから，常に陸域の影響を受けている[1, 3, 33, 34]．すなわち，河口域生態系の環境と機能を保全するためには，陸域・沿岸海域の統合的な環境管理を検討することが重要である．

一方，多くの水圏生物は，産卵場－幼稚仔期，成育場－若成期，索餌場－産卵場など，発育段階に応じて生息場を変え，これらのつながりにより生活史を構成する．サケ類やウナギなど大洋規模で大回遊する種類から，河川と河口・干潟域を両側回遊する種類まで規模に違いはあるが，多くの生物が河口・干潟域を産卵場，成育場，あるいは回遊の通り道として利用する．さらに，マクロベントス類であるヤマトシジミ，ハマグリ，アサリでは，浮遊幼生の分散に潮流を，着底時には塩分勾配を利用するなど，河口域の環境特性を利用して生活環を成立させ

ている.すなわち,陸水と海水が入り交じる環境の複雑さや,水圏生物の移動の要所となる河口・干潟域の構造は,生物生産力だけでなく生物多様性の宝庫としてそれを維持するための重要な機能を備えている.生活史の輪が1ヶ所でも切れれば,その種個体群は成立しない.

河口・干潟域の環境破壊は,その場を利用するすべての生物の存在を脅かすことになる.また先に述べたように,河口・干潟域は直接的な破壊にとどまらず,間接的にも人為的影響を受けており,流れを変える海岸開発や途中取水による河川流量の減少のほか,近年の地球規模の環境変動の影響も重要である.浜口ら[34]はかつて瀬戸内海のアサリ漁獲量の9割近くを揚げていた大分県中津干潟で山国川の流況と中津干潟のアサリ漁獲量の関係を解析し,近年,多雨期の降水量は減少傾向にあるが,単位時間当たりの降水量は増加する傾向にあり,短時間に降雨が集中することにより出水が起こりやすくなっていることを報告した.さらに,河川流量の減少,高塩分化,そして海水位の上昇により,昔よりアサリ稚貝の着底場所が岸側によっていることから,河川の出水による稚貝の大量斃死が起こりやすくなっている可能性を推察している.一方で,このような環境変動に適応できる生態戦略をもった生物は増加傾向にある.スズキは前述した産卵戦略により[20,21],このような現状に対応できるため,近年,資源量が増加していると考えられている.

このように,河口・干潟域は,物質循環,食料生産,生物多様性などの生態系サービスの維持において,鍵となる場所であるが,人為的影響を受けやすい場でもあるので,今後ともよく監視し,適切な管理方策を策定するべきである.

謝　辞

宮古湾における種苗放流と効果に関する統計情報を提供くださった,岩手県水産技術センター小川元氏,水産総合研究センター大河内裕之氏,清水大輔氏,野田勉氏にお礼申し上げます.

文　献

1) 山下　洋.森・里・海とつながる生態系.沿岸海洋研究 2011;48:131-138.
2) 田中　克,田川正朋,中山耕至編.「稚魚学」生物研究社.2008.
3) 山下　洋,田中　克編.「森川海のつながりと河口・沿岸域の生物生産」恒星社厚

4) 松田裕之, 堀　正和. 海洋・沿岸域の生物多様性. 日本の科学者 2010；45：10-15.
5) 宮本　康. 汽水湖の生物相：塩分による直接・間接的な生物相の維持. LAGUNA 2004；11，97-107.
6) 国立天文台編.「環境年表」丸善. 2009.
7) Costanza R, d'Arge R, de root R, Farber S, Grasso M, Hannon B, Limburg K, Naeem S, O'neill RV, Paruelo J, Raskin RG, utton P, van den Belt. The value of the world's ecosystem services and natural capital. Nature 1997；387：253-260.
8) 青山裕晃, 今尾和正, 鈴木輝明. 干潟域の水質浄化機能－一色干潟を例にして－. 月刊海洋 1996；28：178-188.
9) 干潟生産力改善のためのガイドライン. 水産庁. 2008.
10) 松田裕之, 加藤　団. 外来種の生態リスク. 日水誌 2007；73：1141-1144.
11) 愛知県. アサリ現存量調査. 月刊水試ニュース 201；402：1.
12) 堀　正和, 吉田吾郎, 浜口昌巳, 山崎　誠. 陸－海相互作用系における藻場の役割. 水産海洋研究 2008；72：301-304.
13) 玉置昭夫, 万田敦昌, 大橋智志, Sumit Mandal, 浜口昌巳. 橘湾および有明海湾口部の砂質干潟に生息するハルマンスナモグリ（十脚類スナモグリ科）・イボキサゴ（腹足類ニシキウズガイ科）幼生の輸送. 沿岸海洋研究 2009；46：119-126.
14) 玉置昭夫. 局所群集からメタ群集を組み立てる.「メタ群集と空間スケール」（大串隆之, 近藤倫生, 野田隆史編）京都大学学術出版会. 2008；87-111.
15) 鈴木輝明, 市川哲也, 桃井幹夫. リセプターモードモデルを利用した干潟域に加入する二枚貝幼生の供給源予測に関する試み. 水産海洋研究 2002；66：88-101.
16) Kasuya T, Hamaguchi M, Furukawa K. Detailed observation of spatial abundance of clam larva *Ruditapes philippinarum* in Tokyo Bay, central Japan. *J. Oceanogr.* 2004；60：631-636.
17) 浜口昌巳, 長井　敏, 安田仁奈. 新しい手法開発によるメタ個体群動態解明. 月刊海洋 2005；37：125-132.
18) Yasuda N, Nagai S, Yamaguchi A, Lian CL, Hamaguchi M. Development of microsatellite markers for the Manila clam *Ruditapes philippinarum*. *Mol. Ecol. Notes* 2007；7：43-45.
19) Shoji J, Tanaka M. Density-dependence in post-recruit Japanese seaperch *Lateolabrax japonicus* in the Chikugo River, Japan. *Mar. Ecol. Prog. Ser.* 2007；334：255-262.
20) Secor, DH, Houde ED. Temperature effects on the timing of striped bass egg production, larval viability, and recruitment potential in the Patuxent River (Chesapeake Bay). *Estuaries* 1995；18：527-544.
21) Shoji J and Tanaka M. Growth and mortality of larval and juvenile Japanese seaperch *Lateolabrax japonicus* in relation to seasonal changes in temperature and prey abundance in the Chikugo estuary. *Estuar. Coast. Shelf Sci.* 2007；73：423-430.
22) 有瀧真人, 栗田　豊, 山下　洋. 宮古湾をモデルとした資源の増殖と管理の試み～栽培漁業の基礎研究から効果の実証まで～. 日水誌 2010；76：249-259.
23) 小川　元. シロザケ：増殖事業が抱える問題と将来像. 日水誌 2010；76：250-251.
24) 大河内裕之, 山根幸伸, 長倉義智. ニシン種苗放流の考え方：生態的知見を基礎とした資源増殖の試み. 日水誌 2010；76：252-253.
25) Chin B. Study of seed production and stock enhancement technology of the black rockfish *Sebastes schlegelii* based on physiological and ecological characteristics. PhD Thesis, Kyoto University. 2009.

26) Okouchi H, Kitada S, Iwamoto A, Fukunaga T. Flounder stock enhancement in Miyako Bay, Japan. In: Bartley DM, Leber KM (eds). *Marine Ranching*, FAO. 2004；171-202.
27) Wada T, Yamada T, Shimizu D, Aritaki M, Sudo H, Yamashita Y, Tanaka M. Successful stocking of a depleted species, spotted halibut *Verasper variegatus*, in Miyako Bay, Japan: evaluation from post-release surveys and landings. *Mar. Ecol. Prog. Ser.* 2010；407：243-255.
28) 栗田 豊，斉藤寿彦，有瀧真人．三陸沿岸域におけるサケ幼稚魚の成長，食性，およびニシン仔稚魚との生態的関係．SALMON情報 2010；4：9-11.
29) 山田秀秋，佐藤啓一，長洞幸夫，熊谷厚志，山下 洋．東北太平洋沿岸域におけるヒラメの摂餌生態．日水誌 1998；64：249-258.
30) Yamashita Y, Otake Y, Yamada H. Relative contributions from exposed inshore and estuarine nursery grounds to the recruitment of stone flounder estimated using otolith Sr：Ca ratios. *Fish. Oceanogr.* 2000；9：328-342.
31) 太田太郎．耳石情報による有明海産スズキの淡水遡上生態に関する研究．博士論文，京都大学．2004.
32) Fuji T, Kasai A, Suzuki KW, Ueno M, Yamashita Y. Freshwater migration of juvenile temperate seabass, *Lateolabrax japonicus*, in the stratified Yura River estuary, the Sea of Japan. *Fish. Sci.* 2010；76：643-652.
33) 宇野木早苗，山本民次，清野聡子編「川と海 流域圏の科学」築地書館．2008.
34) 浜口昌巳，手塚尚明，山崎 誠，井関和夫．包括的環境保全と貝類漁業のあり方について−山・河川とアサリの関係−．水産海洋研究 2008；72：311-317.
35) 大河内裕之，千村昌之．宮古湾に放流した人工生産ニシンの生態と産卵回帰．月刊海洋 2001；33：252-258.

7章　サンゴ礁魚類の生産機構と生態系サービス

中 村 洋 平[*]

　サンゴ礁とは造礁サンゴ（以下，サンゴとする）などの石灰質骨格が集積することによって築かれた地形のことを指し，冬季海水温が18度以上の海域を中心に発達している．海洋面積に占めるサンゴ礁の割合はわずか0.1％であるものの，そこに分布する魚類の種数は7,000種と海産魚類の総種数の約半数に達する．サンゴ礁での魚類の水揚量は世界平均で年間6.6トン/km^2と推定されており，少なくとも100ヶ国の人々の食生活を支えている．また，レジャーダイビングやスポーツフィッシングなどは，サンゴ礁の豊かな魚類資源を利用した娯楽として人気が高い．様々な形で利用されるサンゴ礁魚類であるが，近年のサンゴ礁の消失や乱獲などによって急速にその資源は減少している．本章では，人の生活に関わりの深いサンゴ礁魚類を対象に，その生産機構の特徴について解説するとともに，魚類資源の衰退の要因と保全方策について紹介する．

§1. サンゴ礁魚類の生産構造

　サンゴ礁には小型の魚類が多く，最大体長が10 cm未満の種が種数の半数近くを占める[1]．個体密度においてもハゼ科，スズメダイ科，イソギンポ科，ベラ科，テンジクダイ科などの小型魚類が全体の9割以上を占めるが，生物重量では藻食魚のニザダイ科・ブダイ科や魚食魚のハタ科が高い割合を占める（図7・1）．魚類群集内での各食性群の割合をみてみると，底生無脊椎動物を摂食する魚類が種数で全体の半数近くを占め，藻食，動物プランクトン食，雑食，魚食と続く[3]．また，温帯沿岸と比べると，サンゴ礁には藻食魚（温帯沿岸では種数の2～8％，サンゴ礁では10～20％を占める[4]）と魚食魚（ハタ類など）が多いのが特徴である．

　スズメダイ類やハゼ類などの小型魚類は1年ほどで繁殖を開始するために再生産の回転率が高い．また，一年中温暖なサンゴ礁では年間を通して繁殖を行

---
[*] 高知大学大学院総合人間自然科学研究科

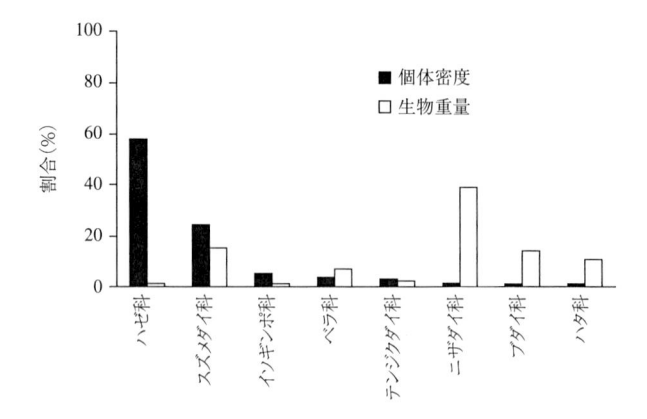

図7・1　グレートバリアリーフ・リザード島のサンゴ礁に出現する
各科の個体密度と生物重量の魚類群集全体に占める割合[2]．

う種も珍しくない．そして小型魚類が頻繁に生産されることが，これらを捕食するハタ類などの大型魚食魚の生産を支えている．このような供給と消費のバランスは海藻と藻食魚の間でもみられる．温帯域では海藻の生育は季節性をもつことが多いのに対して，サンゴ礁では年間を通して海藻が繁茂する．海藻が常に生育できる温暖な環境が，種数とバイオマスで優占する藻食魚の資源維持を可能にしている[5]．

　熱帯沿岸には約1万種の魚類が生息しており，そのうち7割の種がサンゴ礁海域に分布する．このような豊富な種類の魚類が生息できるのは，サンゴ礁特有の変化に富んだ底質環境の存在に因るところが大きい．すなわち，多種多様なサンゴやそれらによって形成される礁溝や礁池などの多くの生活空間が提供されていることでニッチ分割による多種共存が可能となっている[6]．また，これらの魚類の中には，小型魚類と大型魚食魚のように捕食−被食関係によって相互の個体群動態に影響を及ぼす種もある[7]．したがって，様々な魚類が食物連鎖によって繋がっているサンゴ礁では，各栄養段階に属する魚類の種数が多いほど，ある種が消失してもそれに代わる種がいるので食物連鎖の安定性は高まると考えられている[8]．

　サンゴ礁魚類の中には，稚魚期をサンゴ礁周辺にある海草藻場やマングローブ域で過ごす種がいる．西部大西洋ではブダイ類，イサキ類，フエダイ類が，イ

ンド・太平洋ではフエダイ類やフエフキダイ類の一部の種がこれらの生息場所を利用している[9,10]．海草藻場やマングローブ域に隣接するサンゴ礁でオキフエダイ *Lutjanus fulvus* とフエダイ科の一種 *Ocyurus chrysurus* を採集してその筋肉組織中の $\delta^{13}C$ を調べてみると，8割以上の個体に稚魚期を海草藻場やマングローブ域で過ごしていた形跡が認められる[11,12]．これらの結果は，両種の個体群が海草藻場やマングローブ域の成育場機能によって維持されていることを示している．

§2. サンゴ礁魚類がもたらす生態系サービス

サンゴ礁には，サンゴ礁生態系が有している機能と，その機能から私たち人間が受ける恩恵（生態系サービス）がある．前者には，様々な生物の生息場の提供，多様な地形や空間の創出，二酸化炭素の吸収，水質浄化などがあげられる[13,14]．一方，後者には，魚介類などの物的資源の提供（供給サービス），観光・レクリエーションの提供（文化サービス），高波被害からの保護などがある（図7・2および1章を参照）．

サンゴ礁魚類から得られる生態系サービスで代表的なものが漁獲物と観光収入である．東南アジアだけでも2,000万人以上が漁撈活動に従事しており，これらの人々は食料資源や収入源を，魚類を中心とした漁獲物に依存している．サンゴ礁における魚類の年間水揚量はカリブ海で1.32トン/km^2，太平洋で10.2トン/km^2，インド洋で3.8トン/km^2で[15]，ブダイ類，ニザダイ類，アイゴ類，ハタ類，フエダイ類，フエフキダイ類が主要な漁獲対象種となっている．漁業

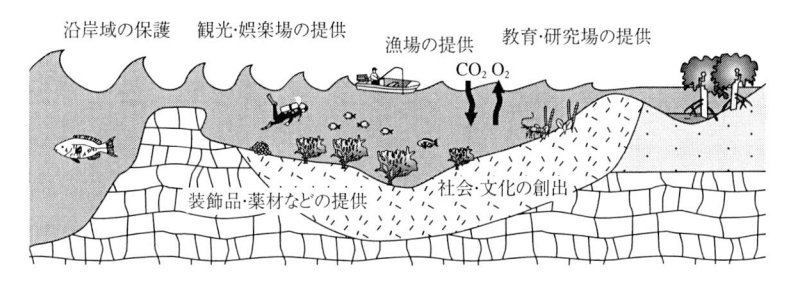

図7・2 サンゴ礁が提供するさまざまな生態系サービス．

の年間純利益額は地域によって異なるものの，およそ 14,500～41,000 ドル/km^2 と推定されている[16)]．色鮮やかなサンゴ礁魚類は観賞魚としての価値も高い．これまで 1,000 種以上のサンゴ礁魚類が取引の対象となっており，これらの世界における小売価格の総額は年間最大 3 億ドルと推定されている[17)]．キンチャクダイ科，ベラ科，スズメダイ科，ニザダイ科，チョウチョウウオ科，ハゼ科，ハタ科などが観賞魚として人気が高く，フィリピンやインドネシアなどで採集された後，北米や西欧などに輸出される．また，タツノオトシゴは観賞魚としてだけでなく，中国においては漢方薬としても利用されている．食用になるハタ類，フエダイ類，メガネモチノウオ Cheilinus undulatus は東南アジアで生きたまま採集された後，中国や台湾のレストランに活魚として出荷されている．活魚は祭りや祝い事のステータスシンボルとしての人気が高いために，これらの平均価格は 17～22 ドル/kg と冷凍物と比べて約 10 倍の値が付く．世界における食用活魚取引量の 6 割を占める香港では，年間の活魚輸入量が 1990 年前後では 1,000～2,000 トンであったのに対して，1990 年代の終わりには 30,000～35,000 トンまで増加した．1998 年における世界の食用活魚の卸売総額も 8 億 3 千万ドルに達している[17)]．

　レジャーダイビングやスポーツフィッシングなどの観光業は漁業と並ぶサンゴ礁周辺地域の基幹産業となっている．このようにサンゴ礁は，藻場，干潟，河口などに比べて，文化サービス供給の場としての貢献度が高い．世界最大のサンゴ礁が発達するオーストラリアのグレートバリアリーフでは，年間 190 万人の観光客が訪れ，観光収入は 50 億ドルを上まわるという[18)]．サンゴ礁周辺地域の観光客数は年々増えており，それに伴いホテルやレストランなどの観光施設も増加している．サンゴ礁が発達するエジプトのシナイ半島南部では，1988 年の観光客数は 4 万人であったのに対して，2003 年には 200 万人に達した．それに伴い観光施設の数も 5 件から 274 件まで増加している[19)]．

§3. サンゴ礁の衰退と魚類

　様々な生態系サービスを提供するサンゴ礁であるが，近年，急速に衰退している．今日に至るまでに世界のサンゴ礁の 2 割の面積が回復不可能な状態まで破壊されており，現在でも毎年サンゴ被度の 1～2％が死滅している．現在の消

表7・1 サンゴ礁衰退の要因

要因	解説
自然要因	
白化現象	高水温などのストレスによって，サンゴに共生している褐虫藻がサンゴから抜け出てしまう現象．褐虫藻の消失によってサンゴは死亡する．
海洋酸性化	大気CO_2濃度が上昇することによって，海水のpHが下がる現象．海水の酸性化はサンゴなど多くの生物の初期発生に負の影響を与える．
台風・ハリケーン	波浪などによるサンゴの破壊．近年は大型の台風が多いため，サンゴに対するダメージが大きい．
病気	細菌性のホワイトポックスや黒帯病によるサンゴの大量死滅．
サンゴ食害動物	オニヒトデやシレイシガイダマシ属の巻貝によるサンゴの食害．大発生すると広範囲に被害を与える．
人為的要因	
乱獲・破壊的漁業	過度な漁獲によるサンゴ礁生態系のバランスの崩壊．爆破漁や毒物漁によるサンゴへのダメージ．
土壌流出	土地開発に伴う赤土などの土壌流出．
水質汚染	沿岸域の人口増加に伴う生活廃水の流出．農耕地からの化学肥料の流出．
浚渫・埋め立て	宅地用地造成や空港・港湾整備に伴うリーフ内の浚渫や埋立．

失スピードが持続すれば，今後30年間のうちに世界のサンゴ礁の6割が荒廃する可能性もある[20]．

　サンゴ礁の衰退は人為的な要因と自然現象によって引き起こされる（表7・1）．人為的な要因としては，沿岸開発による埋め立てや水質汚染，破壊的漁業などがあげられ，局所的にサンゴが破壊されることが多い．一方，自然現象には，サンゴ食生物のオニヒトデ *Acanthaster planci* の大発生や海面温度の上昇によって引き起こされるサンゴの白化現象などがあり，比較的広範に影響を及ぼす．

1998年のエルニーニョ現象にともなうサンゴの白化現象では，世界のサンゴ礁面積の16％にあたるサンゴが死滅した．さらに，近年の地球規模での水温上昇によって，サンゴの白化現象の頻度は今後さらに高くなると予想されている．

サンゴの死滅は魚類資源量やそれに関わる生態系サービスの質を著しく減少させる．パプアニューギニアの海洋保護区では，生サンゴの9割が白化現象などで死滅したことで，75％の魚種の個体数が減少した[21]．サンゴの死滅に対してすぐに影響を受ける魚類は，サンゴ食魚やサンゴを隠れ家として利用する稚魚やスズメダイ類などの小型種である．これらの小型魚類は観賞魚としての価値が高いために，観賞魚取引の経済的損失も大きい．小型魚類を捕食するハタ類などの水産有用種も，小型魚類の減少とともに姿を消していく．また，レジャーダイバーもサンゴが死滅すると，状態のよいサンゴ礁を求めてその場所を去っていくという．このように，サンゴの消失は地域の漁業や観光業に大きな損失を与える[22]．

§4. 漁業が魚類資源に与える影響

漁業は熱帯沿岸国の人々に食料を提供するが，過度な漁獲は魚類資源やサンゴ礁生態系に負の影響を与える．ここでは漁業が魚類資源に与える直接的・間接的な影響について紹介する．

4・1 直接的影響

熱帯域の多くの国では持続可能な漁獲以上の魚を捕獲している[23]．ハタ類，フエダイ類，フエフキダイ類などは特定の場所で産卵することがあるが，これらの魚の産卵場所は格好の漁場になり，大量の成魚が産卵の前に捕獲されている[24]．観賞魚や食用活魚として価値が高いカンムリブダイ *Bolbometopon muricatum* など約50種のサンゴ礁魚類も乱獲などによって個体数が激減し，現在，国際自然保護連合の絶滅危惧種として認定されている[25]．食用活魚取引量も1997年には50,000トンまで増加したのに対して，2000年代初頭には30,000トンまで減少した[26]．ジャマイカやソロモン諸島では2000年の漁獲量がピーク時の半分まで減少している[25]．沖縄県の沿岸魚類の漁獲量は，1981年までは漁獲努力量の増大に応じて増加したが，それ以降急激な減少に転じている．その要因の1つとして，1970年代からの漁船や潜水器具などの漁具の改良や産

卵場所を狙った乱獲が考えられている．1990年以降は浮魚礁漁業やソデイカ漁の漁獲量が急増し，沿岸漁業者の経営を支えているのが実態である（図7・3）．

主要漁獲対象種であるハタ類やブダイ類は雌から雄に性転換をする．したがって，体の大きな雄は選択的に漁獲されやすい．メキシコ湾では，ハタ科の*Mycteroperca microlepis*と*M. phenax*の雄の割合が過去20年間で17％から1％，36％から18％へとそれぞれ減少した[28]．乱獲の度合いが高いジャマイカやドミニカ共和国においてはブダイ類の雄がサンゴ礁からほとんど姿を消した[29]．観賞魚取引を目的とした採集においても，ベラ科では雌よりも体色が鮮やかな雄が好まれるという[17]．このような性選択的な漁獲は，対象種の性比や社会構造を大きく変えることになるので，個体群の衰退を招きやすい．

4・2　間接的影響

ダイナマイトなどの爆発物やシアン化物などの毒物を用いた破壊的漁業は，サンゴ礁に大きなダメージを与える．爆破漁は爆発による衝撃で死亡した魚を獲る漁法で，短時間で効率的に魚を得ることができることから，現在でも東南アジアの多くの地域で行われている．しかしながら，この漁法では魚類の生息場所であ

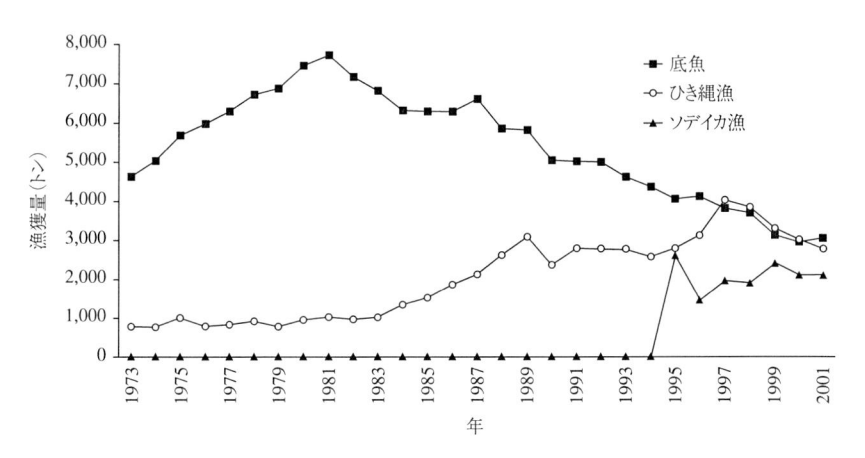

図7・3　沖縄県の沿岸漁業漁獲量の推移[27]．
　　　　底魚：沖縄県農林水産統計年報で，マチ類，その他のタイ類，ハタ類，その他のアジ類，タカサゴ類，アイゴ類，ブダイ類に分類される魚類の漁獲量．
　　　　ひき縄漁：ひき縄漁を中心とした浮魚礁漁業での漁獲量．1982年以前は浮魚礁を使わないひき縄の漁獲量．

るサンゴを破壊することになる．毒物漁はシアン化物を流して魚を麻痺させて採集する漁法で，観賞魚やハタ類などの食用魚を活魚として出荷するために東南アジアを中心に使用されている．魚を生かしたまま簡単に捕まえることができるが，同時にシアン化物を流された周辺では無脊椎動物やサンゴも死滅してしまう．インドネシアでは年間最大64万kgものシアン化合物が毒物漁で使われており，それによって毎年3,000 km^{2}のサンゴ礁が深刻な被害を受けているという[30]．これらの漁業は魚類の生息場所を破壊するので，数年も経つと漁場が荒廃して漁獲がなくなる．したがって，ある海域での漁獲が見込めなくなると，漁師は他の海域に移動して同じことを繰り返し，サンゴ礁を破壊していく．

　複雑な食物網が形成されているサンゴ礁生態系では，特定の魚類を獲り過ぎることで栄養段階カスケード効果（食物連鎖を通して他の栄養段階に属する生物に影響を与えること）が働いて生態系全体に負の影響を与えることがある．フィジーでは，稚ヒトデやエビ・カニ類といった底生無脊椎動物を摂食するベラ科やモンガラカワハギ科やフエフキダイ科などの魚類を乱獲したことでオニヒトデの密度が増加し，サンゴが大量に死滅した[31]．サンゴ礁に生える海藻を摂食するブダイ類やニザダイ類を獲り過ぎると，海藻を取り除く魚がいなくなるためにサンゴ礁に海藻が異常繁茂しやすい．カリブ海のバハマでは，漁業区の海藻の被度が禁漁区と比べて4倍以上も高いことが明らかになっており，これには漁業区におけるブダイ類の密度の低さが影響していると考えられている（図7・4）．海藻が繁茂するとサンゴの加入や成長が阻害される[33]．したがって，藻類食魚の存在は，生サンゴ被度の維持や回復を促進する作用を併せ持っている[33, 34]．

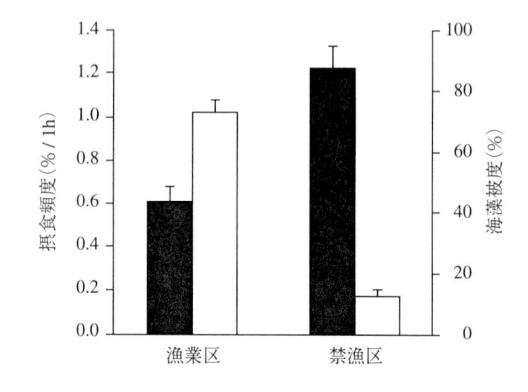

図7・4　禁漁区内外におけるブダイ類の摂食頻度と大型海藻の被度（平均＋標準誤差）[32]．黒棒は摂食頻度を，白棒は海藻被度を示す．

§5. 海草藻場やマングローブ林の消失がサンゴ礁魚類に及ぼす影響

沿岸域に発達する海草藻場やマングローブ林は，サンゴ礁と同様に人間活動の影響を強く受ける．これらの生息場所は現在までに少なくとも地球上に存在していた総面積の3割が消失しており，その原因の7割が沿岸開発など人為的な影響によるものである[35, 36]．

海草藻場やマングローブ域を稚魚の成育場として利用している魚類にとっては，これらの成育場の消失は個体群維持の上で大きな障害となる．海草藻場を成育場として利用するフエフキダイ類の稚魚は，海草藻場が消失すると姿を消す[37]．マングローブ域を稚魚の成育場として利用するブダイ科の一種 *Scarus guacamaia* は過去30年の間に個体数が大幅に減少したが，これには1960年代後半から70年代初頭にかけてカリブ海でマングローブ林が大規模に伐採されたことが影響していると考えられている[38]．実際に，マングローブ域が隣接しないサンゴ礁には，マングローブ域を稚魚成育場として利用する魚類の成魚個体数が少ない（図7・5）．海草藻場やマングローブ域を成育場として利用する魚類は水産有用種が多いために，これらの成育場の消失は地域における漁業資源の衰退を招く可能性が高い．さらに，マングローブ林の消失に伴うブダイ類の減少によって，隣接するサンゴ礁の海藻被度が高くなったという報告もある[40]．この

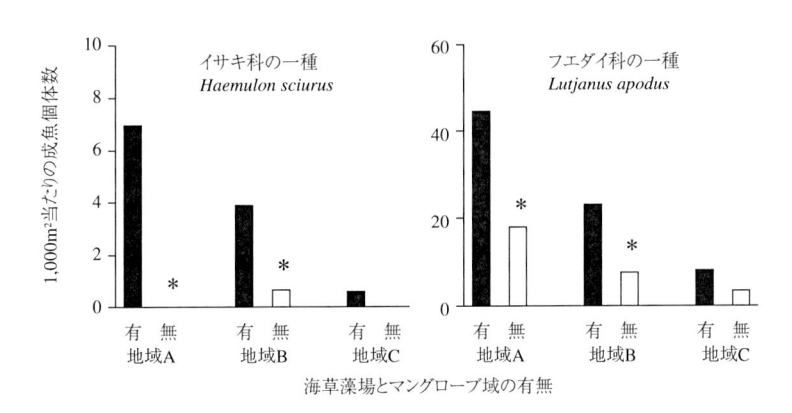

図7・5 海草藻場とマングローブ域を稚魚の成育場として利用する魚類2種（イサキ科およびフエダイ科の一種）のサンゴ礁における成魚個体数[39]．両成育場が存在する島（有）とそうでない島（無）をそれぞれ3つの地域（A～C）から選定した．*は両者に有意な差（$p<0.05$）が認められたもの．

ように，成育場の消失による魚類個体群の減少が，間接的にサンゴ礁に影響を及ぼすこともある．

§6. サンゴ礁魚類の資源管理と持続的利用

多くのサンゴ礁魚類は定住性が強いため，生息場所であるサンゴ礁を保全することで複数種の魚類資源を同時に守ることができる．このように生物群集を保護・増殖するために管理された場を一般に海洋保護区（MPA）と呼び，目的に応じてすべての人間活動を禁じた保護区もあれば，レジャーダイビングや一部の漁業を許可した保護区まで様々なタイプがある．世界では現在 980 の海洋保護区がサンゴ礁に設定されており，サンゴ礁の面積の 18.7％を占めている[41]．フィリピンのアポ島では，漁業を規制した海洋保護区を設置してから約 10 年で保護区内の水産有用種の密度が 4 倍に増加し，その一部が保護区外に拡散するというスピルオーバー効果が確認されている[42]．しかしながら，このように効果的に機能しているサンゴ礁の海洋保護区数の割合は世界全体の 1 割にも満たない（サンゴ礁の面積の 1.6％）[41]．その主な理由としては，①各生物の個体群を維持するだけの十分な保護面積が確保されていない，②保護区に産卵場やマングローブ域などの稚魚成育場といった個体群の維持に不可欠な場所（サンゴ礁以外の生態系）が含まれていない，③自然保護に対する地域住民の意識が低く，沿岸開発や漁業に関する規制が守られない，④人的・予算的な面で保護区の管理が十分にできない，があげられる．

以上の問題点を解決するためには，まず，保護区周辺地域の人々に対して規制を行う理由を十分に理解させなければならない．なぜならば，自然破壊は無意識で行われていることが多く，また，自然の回復力に対して過信している人も少なくないからである．自然環境保全の重要性を訴える際には，資源の減少量といった自然科学的評価を伝えるだけでなく，自然環境が失われるとどのような社会的コストをもたらすのか，という社会科学的な評価も強調するとよい．自然環境を保全する主体は人間であるために，人間が保全の必要性を感じなければ自然環境は守られないからである[14]．例えば，破壊的漁業については，魚類資源が将来半減すると訴えるだけでなく，一時的に収入が一般の 2 倍程度まで上昇しても数年も経つと漁場が荒廃するために収入が伝統的な漁師の 6 分の 1 まで落ちる[30]，

と伝えることで問題の大きさを実感してもらうことも可能である．また，地域住民に対して破壊的漁業が地域にどのような損失を与えるのかを訴えることで，漁師以外の人々の環境保全に対する意識が高まる．例えば，インドネシアでの推定によれば，爆発物による漁業を20年間続けた場合の純損失は，観光業と沿岸保護（例；波浪からの保護などの物理的保護）において価値をもつ地域では1 km^2 当たり30万ドル以上，そうでない地域でも33,900ドルになるという[43]．

　漁師に対して漁業規制を行う際には，経済的な補償を考える必要がある．なぜならば，熱帯域の漁師の大部分は経済的に余裕がないため，収入の補償がない規制は守られない場合が多いからである．毒物漁を禁止するならば，それに代わる魚類の採集方法を提示することが漁業者の理解と行動に直結しやすい．フランス領ポリネシアのソシエテ諸島では環礁の切れ目の水路にネットを張ってそこに入ってくる仔稚魚を捕獲し，必要な魚種を水槽飼育で成長させてから観賞魚として出荷している．この方法はサンゴに対する悪影響もなく，また，サンゴ礁に加入してきたばかりの仔稚魚を水槽内で飼育するので自然下での被食による大量減耗を避けることができる[44]．養殖業は乱獲を抑えるための1つの解決方法となりうる．しかしながら，給餌過多による富栄養化など養殖場周辺の環境を汚染していることも多い．このような環境負荷をなくしたときに増養殖が乱獲に対する解決方法の1つとなる．浮魚礁漁業や漁師によるエコツーリズムは沿岸の水産資源を消費しない形で食料や収入を得る方法だが，これらの方法は地域の環境特性やインフラの整備に大きく依存するために，どの地域でも活用することはできない．漁業でしか収入を得られない地域では，漁業規制の設定に工夫が必要である．例えば，完全に漁獲を禁止する保護区は設定面積を小さくする代わりに産卵場を含める，また，部分的な漁業を認める区域では設定面積を広くする代わりにブダイ類など生サンゴ被度に影響を及ぼす魚類の漁獲量を規制するなどの配慮や対策が必要かもしれない．

　現在67億人いる世界の人口は低緯度諸国を中心に増加しており，2050年には92億人に達すると予測されている．サンゴ礁は多くの人々に食物資源や観光資源などを提供するが，現在のペースで環境破壊と人口増加が進めば，近い将来にこれらのサービスを得ることができなくなる．現存するサンゴ礁の恵みを次世代の人々が同じように享受できるように，わたしたちは考え，適切に行動

しなければならない.

文献

1) Munday PL, Jones GP. The ecological implications of small body size among coral-reef fishes. *Oceanogr. Mar. Biol.: Annu. Rev.* 1998 ; 36 : 373-411.
2) Depczynski M, Fulton CJ, Marnane MJ, Bellwood DR. Life history patterns shape energy allocation among fishes on coral reefs. *Oecologia* 2007 ; 153 : 111-120.
3) Jones GP, Ferrell DJ, Sale PF. Fish predation and its impact on the invertebrates of coral reefs and adjacent sediments. In: Sale PF (ed). *The Ecology of Fishes on Coral Reefs.* Academic Press. 1991 ; 156-179.
4) Harmelin-Vivien ML. Energetics and fish diversity on coral reefs. In: Sale PF (ed). *Coral Reef Fishes.* Academic Press. 2002 ; 265-274.
5) Ebeling AW, Hixon MA. Tropical and temperate reef fishes: comparison of community structure. In: Sale PF (ed). *The Ecology of Fishes on Coral Reefs.* Academic Press. 1991 ; 509-563.
6) Holbrook SJ, Brooks AJ, Schmitt RJ. Variation in structural attributes of patch-forming corals and in patterns of abundance of associated fishes. *Mar. Fresh. Res.* 2002 ; 53 : 1045-1053.
7) Graham NAJ, Evans RD, Russ GR. The effects of marine reserve protection on the trophic relationships of reef fishes on the Great Barrier Reef. *Environ. Conserv.* 2003 ; 30 : 200-208.
8) Bellwood DR, Hughes TP, Folke C, Nystrom M. Confronting the coral reef crisis. *Nature* 2004 ; 429 : 827-833.
9) Nagelkerken I, Dorenbosch M, Verberk WCEP, Cocheret de la Morinière E, van der Velde G. Importance of shallow-water biotopes of a Caribbean bay for juvenile coral reef fishes: patterns in biotope association, community structure and spatial distribution. *Mar. Ecol. Prog. Ser.* 2000 ; 202 : 175-192.
10) Shibuno T, Nakamura Y, Horinouchi M, Sano M. Habitat use patterns of fishes across the mangrove-seagrass-coral reef seascape at Ishigaki Island, southern Japan. *Ichthyol. Res.* 2008 ; 55 : 218-237.
11) Nakamura Y, Horinouchi M, Shibuno T, Tanaka Y. and 4 others. Evidence of ontogenetic migration from mangroves to coral reefs by black-tail snapper *Lutjanus fulvus*: stable isotope approach. *Mar. Ecol. Prog. Ser.* 2008 ; 355 : 257-266.
12) Verweij MC, Nagelkerken I, Hans I, Ruseler SM, Mason PRD. Seagrass nurseries contribute to coral reef fish populations. *Limnol. Oceanogr.* 2008 ; 53 : 1540-1547.
13) Moberg F, Folke C. Ecological goods and services of coral reef ecosystems. *Ecol. Econ.* 1999 ; 29 : 215-233.
14) 土屋　誠・藤田陽子.「サンゴ礁のちむやみ－生態系サービスは維持されるか－」東海大学出版会. 2009.
15) McClanahan T. Challenges and accomplishments towards sustainable reef fisheries. In: Cote IM, Reynolds JD (eds). *Coral Reef Conservation.* Cambridge University Press. 2006 ; 147-182.
16) Spurgeon J. Time for a third-generation economics-based approach to coral management. In: Cote IM, Reynolds JD (eds). *Coral Reef Conservation.* Cambridge University Press. 2006 ; 362-391.
17) Sadovy YJ, Vincent ACJ. Ecological issues and the trades in live reef fishes. In: Sale PF (ed). *Coral Reef Fishes.* Academic Press.

18) Day J. Planning and managing the Great Barrier Reef Marine Park. In: Hutchings P, Kingsford M, Hoegh-Guldberg O (eds). *The Great Barrier Reef: Biology, Environment and Management*. Springer. 2009；114-121.
19) Jobbins G. Tourism and coral-reef-based conservation: can they coexist? In: Cote IM, Reynolds JD (eds). *Coral Reef Conservation*. Cambridge University Press. 2006；237-263.
20) Wilkinson C. Status of coral reefs of the world: summary of threats and remedial action. In: Cote IM, Reynolds JD (eds). *Coral Reef Conservation*. Cambridge University Pres. 2006；3-39.
21) Jones GP, McCormick MI, Srinivasan M, Eagle JV. Coral decline threatens fish biodiversity in marine reserves. *Proc. Nat. Acad. Sci. U.S.A.* 2004；101：8251-8253.
22) Pratchett MS, Munday PL, Wilson SK, Graham NAJ and 5 others. Effects of climate-induced coral bleaching on coral-reef fishes: ecological and economic consequences. *Oceanogr. Mar. Biol.: an Annu. Rev.* 2008；46：251-296.
23) Newton K, Cote IM, Pilling GM, Jennings S, Dulvy NK. Current and future sustainability of island coral reef fisheries. *Current Biol.* 2007；17：655-658.
24) Sadovy Y, Domeier M. Are aggregation-fisheries sustainable? Reef fish fisheries as a case study. *Coral Reefs* 2005；24：254-262.
25) Sadovy Y. Trouble on the reef: the imperative for managing vulnerable and valuable fisheries. *Fish Fisher.* 2005；6：167-185.
26) Vincent ACJ. Live food and non-food fisheries on coral reefs, and their potential management. In: Cote IM, Reynolds JD (eds). *Coral Reef Conservation*. Cambridge University Press. 2006；183-236.
27) 鹿熊信一郎．漁業．「日本のサンゴ礁」(環境省，日本サンゴ礁学会 編) 自然環境研究センター. 2004；122-126.
28) Coleman FC, Koenig CC, Collins LA. Reproductive styles of shallow-water groupers (Pisces: Serranidae) in the eastern Gulf of Mexico and the consequences of fishing spawning aggregations. *Environ. Biol. Fish.* 1996；47：129-141.
29) Hawkins JP, Roberts CM. Effects of fishing on sex-changing Caribbean parrotfishes. *Biol. Conserv.* 2003；115：213-226.
30) Cesar H. *Economic Analysis of Indonesian Coral Reefs*. World Bank. 1996.
31) Dulvy NK, Freckleton RP, Polunin NVC. Coral reef cascades and the indirect effects of predator removal by exploitation. *Ecol. Lett.* 2004；7：410-416.
32) Mumby PJ, Dahlgren CP, Harborne AR, Kappel CV and 10 others. Fishing, trophic cascades, and the process of grazing on coral reefs. *Science* 2006；311：98-101.
33) Hughes TP, Rodrigues MJ, Bellwood DR, Ceccarelli D and 6 others. Phase shifts, herbivory, and the resilience of coral reefs to climate change. *Current Biol.* 2007；17：360-365.
34) Mumby PJ, Harborne AR (2010) Marine reserves enhance the recovery of corals on Caribbean reefs. *PLoS ONE* 2010；5：e8657.
35) Valiela I, Bowen JL, York JK. Mangrove forests: one of the world's threatened major tropical environments. *BioScience* 2001；51：807-815.
36) Waycott M, Duarte CM, Carruthers TJB, Orth RJ and 10 others. Accelerating loss of seagrasses across the globe threatens coastal ecosystems. *Proc. Nat. Acad. Sci. U.S.A.* 2009；106：12377-12381.
37) Nakamura Y. Patterns in fish response to seagrass bed loss at the southern Ryukyu Islands, Japan. *Mar. Biol.* 2010；157：2397-2406.
38) Mumby PJ, Edwards AJ, Arias-Gonzalez JE,

Lindeman KC and 8 others. Mangroves enhance the biomass of coral reef fish communities in the Caribbean. *Nature* 2004 ; 427 : 533-536.
39) Nagelkerken I, Roberts CM, van der Velde G, Dorenbosch M and 3 others. How important are mangroves and seagrass beds for coral-reef fish? The nursery hypothesis tested on an island scale. *Mar. Ecol. Prog. Ser.* 2002 ; 244 : 299-305.
40) Mumby PJ, Hastings A. The impact of ecosystem connectivity on coral reef resilience. *J. Appl. Ecol.* 2008 ; 45 : 854-862.
41) Mora C, Andrefouet S, Costello MJ, Kranenburg C and 4 others. Coral reefs and the global network of marine protected areas. *Science* 2006 ; 312 : 1750-1751.
42) Russ GR, Alcala AC. Do marine reserves export adult fish biomass? Evidence from Apo Island, central Philippines. *Mar. Ecol. Prog. Ser.* 1996 ; 132 : 1-9.
43) Pet-Soede C, Cesar HSJ, Pet JS. An economic analysis of blast fishing on Indonesian coral reefs. *Environ. Conserv.* 1999 ; 26 : 83-93.
44) Lecchini D, Polti S, Nakamura Y, Mosconi P and 3 others. New perspectives on aquarium fish trade. *Fish. Sci.* 2006 ; 72 : 40-47.

III. 今後の生態系サービス研究

8章　浅海域生態系と沿岸資源の長期変動

片 山 知 史*

　浅海域・沿岸域は複雑系であり，生物およびその種間関係と生物・物理環境の総体である生態系を把握することは，大変困難である．まして，資源生物の個体群変動を解析するために，生態系を継続して調べることは，多大な労力を要する作業である．しかし，多くの海洋資源が「大気－海洋－海洋生態系の基本構造の転換」であるレジーム・シフトと関連して変動していることが明らかになっている現在，生態系研究と資源（個体群）研究の接点を探ることは，古くて新しい課題である．沿岸生態系における資源生物の成育場評価を行う場合においても，成育場の機能を個体レベルで調べる研究が多く行われているが，個体から個体群，そして資源変動へと展開させていく必要がある．本章では，個体群へ加入した個体の環境履歴から，成育場の個体群への寄与度を推定した研究例を紹介する．そして，浅海域を生活の場としている沿岸資源について，中長期的に資源変動する魚種の例を基に，浅海域生態系の機能を検討する上での問題点を提示する．

§1. 沿岸資源の成育場評価

　「浅海域の生態系サービス」において，漁業という供給サービスは，その主たる構成要素である．特に干潟，藻場（アマモ場，ガラモ場）や河口汽水域は，アサリ，ハマグリなど潜砂性二枚貝やガザミ，クルマエビなど大型甲殻類の漁場になっており，漁業生産という直接的な供給サービスをもたらしている．しかし魚類にとっては，潮待ち網などによって一部魚種が干潟域で漁獲されているものの，稚幼魚期の生活史の一部において利用する成育場としての機能が中心となる．成育場として利用している魚種は，アマモ場では，シロギス，メバル類，

---

*（独）水産総合研究センター中央水産研究所浅海増殖部

キュウセン，カワハギ，マダイ，コノシロ，ウミタナゴ類，ホンダワラ類が繁茂するガラモ場では，メバル，カワハギ，カサゴ，マダイ，河口汽水域では，ヌマガレイ，イシガレイ，クロガシラガレイ，ホシガレイ，アユ，マハゼ，シラウオ類，干潟では，シタビラメ類（ウシノシタ類），マゴチ，クロダイ，サッパといった魚類が知られている[1-3]．勿論これらの場は隣接していることが多く，干潟・藻場・河口域を広く利用している魚種も少なくない．

　生物にとっての場の利用様式を調べるには，その場における生物相や分布密度の綿密な調査が基本となる．特に浅海域の生物相，分布密度は，潮汐によって変化するし，昼夜によっても異なることが知られている[2]．重要なのは，採集された生物が，「通りすがり」ではなく，まさにその場を生物生産の場として利用しているかどうかである．無論シェルターとして利用する場合もあるが，その場で摂食活動を行い，それが個体の成長・生残に結びついているかどうかがその裏づけとなる．成育場として場の機能を評価する場合，例えばアマモ場であるならば，アマモ場とアマモが繁茂していない近隣の場における成長速度や生残率を比較するという手法が用いられる．生残率を推定するためには，分布密度の経時変化や標識放流・再捕によって推定する例が多い．成長速度も同様に魚体の体長体重の経時変化や標識放流・再捕，またケージ実験によって推定することが可能である．加えて個体ごとの成長履歴を評価する場合には，耳石日周輪の解析が有効である．孵化日から採集された日までの成長履歴から，成育場として利用している時期の成長速度を算出することができる．

　一方，個体群レベルでの評価においては，その成育場を利用した個体が，どの程度個体群に加入したかを推定する手法がある．研究事例としてはまだ多くないが，生活履歴が蓄積される耳石が用いられている．仙台湾に生息するイシガレイについては，耳石に含有されるSr：Caを指標に，干潟（汽水域）で成育した個体が，漁獲物の約55％を占めていたことが推定されている[4]．同じく仙台湾に分布するメバルについて，アマモ場で成育した個体の漁獲物に対する寄与度が推定されたが[5]，以下のその結果を詳述する［調査研究を行った当時は，メバル類3種（アカメバル，クロメバル，シロメバル）を分類していなかったため，本章ではメバルとして扱う］．

　仙台湾では，メバル類が刺し網，釣りなど，底びき網の漁獲対象となり，宮

城県・福島県において毎年100トン以上の漁獲量がある．水揚げされるメバルの全長範囲は，15 cm 前後〜30 cm 台前半であり，全体としては 20 cm 前後が最も多い[6]．12 〜 1 月を中心とした冬季に産仔され，主に生後 1 歳〜2 歳で水深 30〜40 m の根や人工漁礁に移動して漁獲対象となる[7]．仙台湾における松島湾や万石浦には広大なアマモ場があり，生後 3〜4 ヶ月からメバル幼魚が成育場として利用していることがわかっている[8]．ガラモ場は，牡鹿半島の岩礁域全体に形成されている．仙台湾で代表的なアマモ場がある松島湾，ガラモ場がある狐崎（石巻市）において，6〜8 月にメバルを採集したところ，平均体長がアマモ場で 53〜65 mm，ガラモ場で 65〜75 mm であった．採集されたメバルの耳石に形成されていた不透明な中心部の長径，短径は，年によっても異なるがアマモ場では各々約 2.5〜2.6 mm，約 1.3〜1.4 mm，ガラモ場では各々約 3.0〜3.2 mm，約 1.6〜1.7 mm であり，有意に異なっていた．この耳石不透明部の中央部径をアマモ場，ガラモ場で成育した個体の判別形質として，仙台湾のメバルの主要水揚港である鮎川（牡鹿半島先端，宮城県牡鹿郡），七ヶ浜（宮城県七ヶ

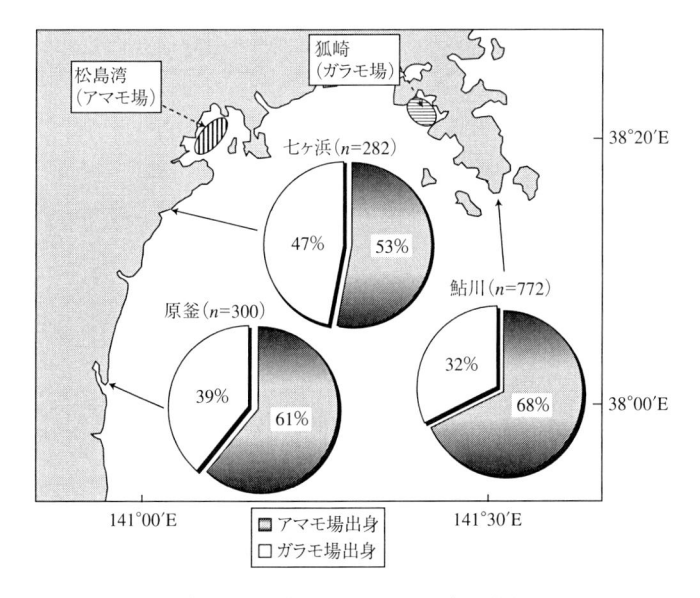

図 8・1　仙台湾における各水揚げ港（鮎川，七ヶ浜，原釜）で漁獲されたメバルの成育場（耳石不透明中心部から推定）の組成（Plaza et al. [5]を改変）．

浜町),原釜(福島県相馬市)の漁獲物の成育場を推定したところ,アマモ場で成育した個体が漁獲物の各々68％,53％,61％を占めているものと判断された(図8・1).

イシガレイ,メバル両種とも,干潟(汽水域)やアマモ場といった場で成育した個体が個体群(漁獲物)の半分以上を占めていることが示され,水産生物の成育場としての干潟やアマモ場の重要性が具体的な数字で表現された意義深い研究である.

§2. 沿岸資源の長期変動

一般的に沿岸資源は,埋め立てや海岸構造物,陸域からの有機負荷,土砂や河川流量の変化といった人間による環境改変によって,その資源量が大きく影響を受ける.我が国の沿岸域のなかでも,人為的影響が大きい浅海域の例として東京湾をみてみると,アオギスとイカナゴが絶滅したと考えられている.また両側回遊魚のシラウオ,シロウオ,アユは,著しく減少したままである[9].干潟域を成育場としているイシガレイも,低水準の資源状態が続いている.イカナゴは粗砂の夏眠場所が必須であり,その他の魚種は,生活史において干潟域・河口汽水域への依存度が高い.したがって,埋め立てや海底土砂採掘といった人為的な環境改変(貧酸素を含む)が,このような資源の状態の要因であるものと考えられる[9].加えて,日本の各沿岸域では,高い漁獲圧によって,多くの魚種が低い資源水準となっていることが,資源評価調査によって明らかにされている.しかし沿岸資源には,人為的な環境改変や高い漁獲圧にも関わらず中長期的に増減を繰り返しているものも少なくない.この中長期的に変動する魚類とは,数年～数十年スケールで資源量が変動する魚類である.その変動スケール(変動幅,変動周期)は様々であるが,ヒラメ,マダイ,マコガレイ,シャコ,サワラ,ハタハタ,ボラ,スズキ,クロダイなどが含まれる[11].なお沿岸資源の変動パターンは,数年ごとに卓越年級が出現する卓越年級型(トラフグ,ホッケ,ウツボなど),加入量が親魚量によってほぼ決定される親子関係型(大卵少産魚類),資源変動の少ない安定型(岩礁性のカサゴ科,フサカサゴ科の魚種や黒潮系広域底魚のマアナゴ,イセエビ,エゾイソアイナメ,アオメエソなど),1～2年ごとに変動を繰り返す短期的変動型(イカナゴ,マハゼ,イシカワシラウ

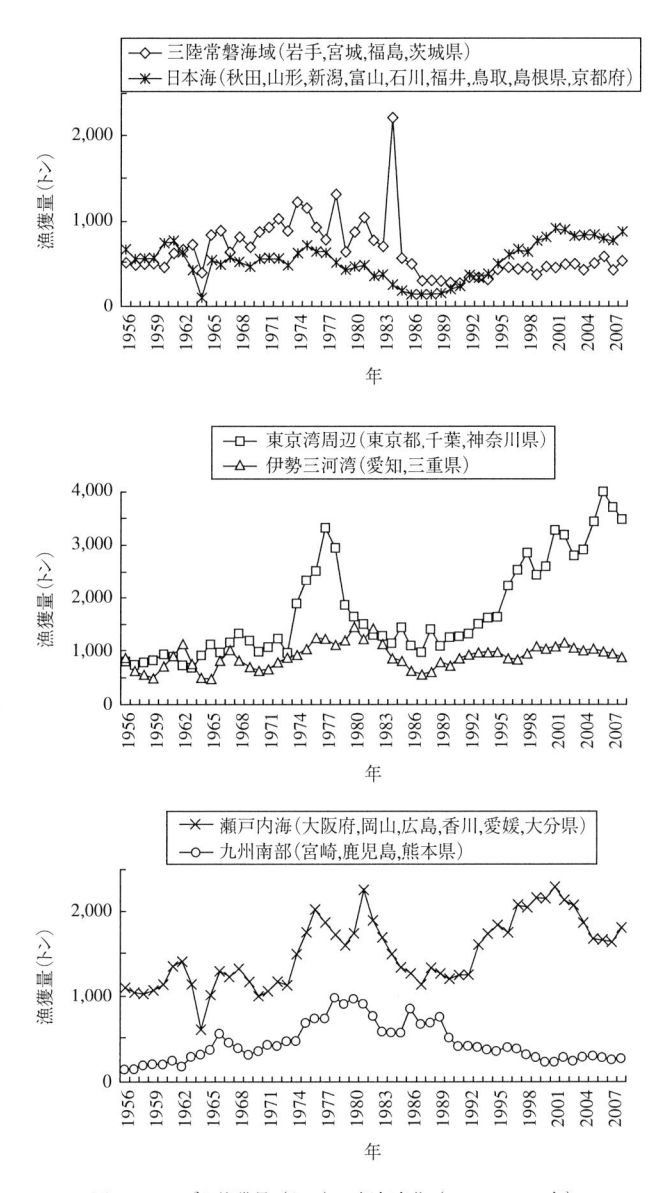

図8・2 スズキ漁獲量（トン）の経年変化（1956～2008年）．
漁業・養殖業生産統計年報（農林水産省統計部）の
海面漁業魚種別漁獲量から作成．

オなど）に類別される[10].

　中長期的な変動を示す典型的な沿岸魚類として，スズキを例にその資源動向を漁獲量から調べる（図8・2）[11]．三陸常磐海域と伊勢三河湾では，漁獲量は1970年代後半から1980年代前半にかけて最も多かったがその後減少し，1980年代後半を底に微増傾向が続いている．日本海，東京湾，瀬戸内海では，やはり1970年代後半から1980年代前半にかけて漁獲量のピークがあったが，1980年代に急減した．1990年代に入り大きく回復し，その後高い水準が維持されている．九州南部は1970年代後半から1980年代前半にかけて多かった漁獲量が，その後1990年代に減少したまま回復していない．このように，スズキは多獲性浮魚のように，中長期的に資源が増減していることがわかる．また，スズキはローカルな個体群を形成していると考えられるが，このように本州沿岸の多くの海域において，1980年代後半から1990年代にかけて大きく減少しており，資源の動向が同調していることが特筆される．すなわち，地先資源のスズキが，水域ごとの個別の要因というよりも，広範囲の長期的な環境変動の影響を強く受けていることが示唆される．

　この変動パターンについて，中長期的な気象海洋の指標との対応を検討するために，アリューシャン低気圧指数（ALPI）の1950〜1997年平均からの偏差の11年移動平均経年変化を図8・3に示す．アリューシャン低気圧指数とは，

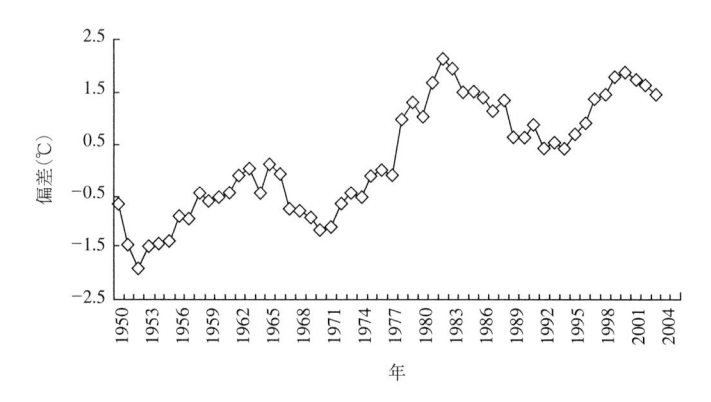

図8・3　アリューシャン低気圧指数（11年移動平均）の経年変化.
　　　　Fisheries and Oceans Canada (http://www.pac.dfo-mpo.gc.ca/sci/sa-mfpd/climate/clm_indx_alpi.htm) HPのデータから作成．

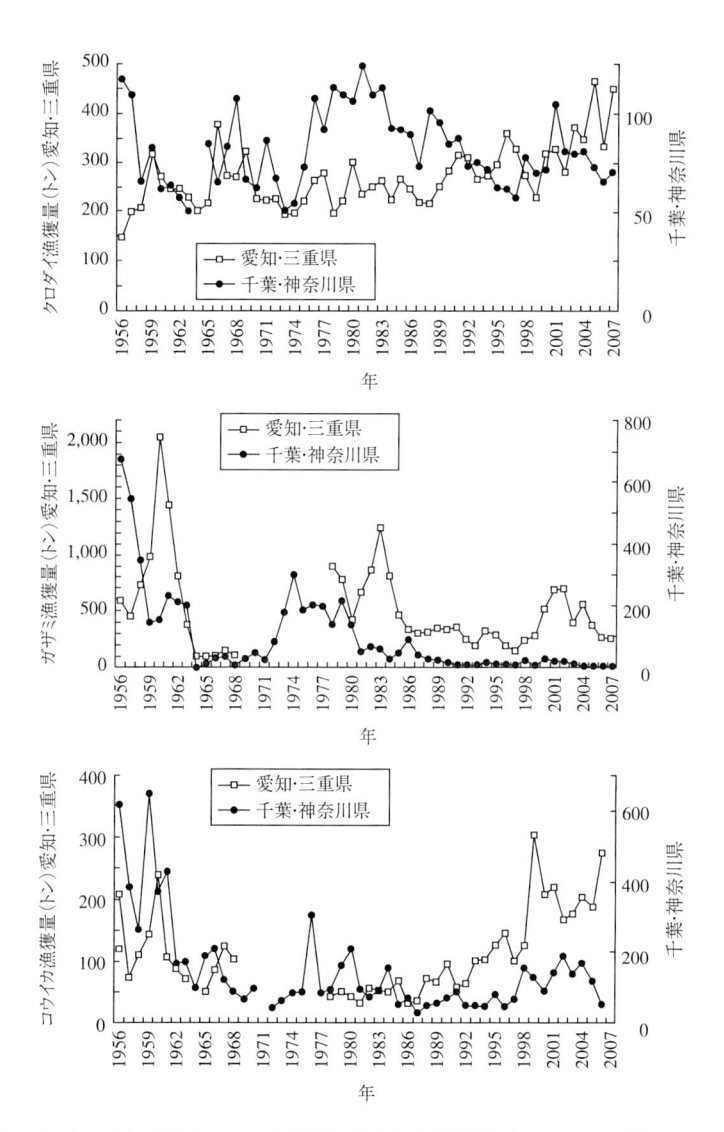

図8・4 クロダイ，ガザミ，コウイカ漁獲量（トン）の経年変化（1956〜2007年）．
漁業・養殖業生産統計年報（農林水産省統計部）の海面漁業魚種別漁獲量から作成．

太平洋北西部における気候変動の指標として，度々レジーム・シフトとの関連性を検討する際に用いられる，北太平洋上の低気圧規模の指数（北太平洋上の12～3月における100.5 kPa以下の海面気圧面積）である．ALPIは全体的に増加傾向であるが，20年近い周期をもって増減している．値の高いピークは1965年，1982年，2000年，低い側のピークは1952年，1970年，1992年にあった．年のずれはあるが，増減の仕方がスズキなどの漁獲量経年変化と同調していることがわかる．クロダイ，ガザミ，コウイカなども，スズキほど明瞭ではないものの，漁獲量がアリューシャン低気圧指数と同調しているような変動傾向を示している(図8・4)．全球的な大気－海洋－海洋生態系の基本構造の転換であるレジーム・シフトと，これら生物の資源動態の直接的な関係は不明であるが，沿岸資源も日本全体の海の状態を変化させる気象海洋学的な環境変動の影響を強く受けている可能性が高いと考えられる．

§3. 生態系サービスと資源変動

例えば，アマモ場や干潟域の生態系サービスを計算する場合，漁場となっていないので直接漁獲量を用いることはできないが，成育場として利用している生物の分布量および成長量を基に計算することは可能である（2,5,6章を参照）[2]．開発にさらされ易い浅海域を，水産の立場から守るツールとして有効な考え方であり，場の価値を広く理解してもらえる手段となろう．

では個体群の資源動態からみて，成育場の機能はどのように考えたらよいのか．成育場の存在が，資源の安定に対して必須な要素であることに異論はない．しかし，アマモ場の増減と個体群の変動は別の問題である．例えばアマモ場を成育場として利用する前に非常に大きな減耗がある場合，もしくはアマモ場から移出した後に加入を左右するような減耗が生じる場合には，アマモ場が増えたからといって，その魚が増えることには結びつかない．中長期的な資源変動を示すスズキは，アマモ場を成育場として利用している代表選手である．アマモ場は，埋め立てなどで全国的に減少・消滅した一方，透明度の上昇によってアマモ場の面積が増加・回復した海域も少なくない[12]．このようなアマモ場の変化によって，スズキ資源はどのように変動したのであろうか．干潟域やアマモ場といった浅海域の成育場は「ゆりかご」に例えられることが多いが，空き部屋ばかりの「ゆり

かご」である可能性はないのか．成育場と資源変動については，両者の量的な相関関係が確認される場合，生態系サービスが新たに付与されることになり，成育場の価値が再認識されることになろう．したがって場の評価を行う場合，個体レベル，個体群レベルに加えて，時間軸を与えた資源変動の視点も必要であると思われる．

浅海域は，依然として貧酸素や赤潮が発生し，生物の大量斃死がみられている．河川からの土砂供給不足による海岸侵食も，解決の目途がたっていない．一方，特に内湾域で栄養塩不足が指摘され，ノリの色落ち問題として顕在化している．浅海域の生態系サービスの定量評価・管理方策が，開発や環境改変に対する武器となるのか．「新しい水産」の施策となりうるのか．中長期的に変動する沿岸資源の視点からも検討する必要があると考える．

文　　献

1) 東京海洋大学魚類学研究室編．「東京湾魚の自然誌」平凡社．2006．
2) 小路 淳．「藻場とさかな－魚類生産学入門」成山堂書店．2009．
3) 日本魚類学会自然保護委員会編．「干潟の海に生きる魚たち－有明海の豊かさと危機」東海大学出版会．2009．
4) Yamashita Y, Otake T, Yamada H. Relative contributions from exposed inshore and estuarine nursery grounds to the recruitment of stone flounder estimated using otolith Sr:Ca ratios. *Fish. Oceanogr.* 2000；9：328-342．
5) Plaza P, Katayama S, Kimura K, Omori M. Classification of juvenile black rockfish, *Sebastes inermis,* into *Zostera* and *Sargassum* beds using the macrostructure and chemistry of otoliths. *Mar. Biol.* 2004；145：1243-1255．
6) 根本芳春，石田敏則．福島県沿岸におけるメバルの生態および資源解析．福島水試研報 2006；13：63-76．
7) 富川なす美．仙台湾におけるメバル水揚げ量の変動特性．宮城水研報 2006；6：87-89．
8) Plaza P, Katayama S, Omori M. Abundance and early life history traits of young-of-the-year *Sebastes inermis* in a *Zostera marina* bed. *Fish. Sci.* 2002；68：1254-1264．
9) 片山知史．東京湾の海洋生物資源の生態および資源の特徴について．東京湾の漁業と資源　その今と昔．平成16年度資源評価調査委託事業報告書，浅海資源生態知見整理調査，漁業情報サービスセンター．2004；227-229．
10) 片山知史，鈴木健吾，藤井徹生．沿岸魚類資源の中長期変動とレジーム・シフト．水産海洋研究 2009；73：328-330．
11) 片山知史．沿岸資源への影響－ヒラメとスズキを例に－．「地球温暖化とさかな」（水産総合研究センター編）成山堂書店．2009；97-106．
12) 環境省自然環境局 生物多様性センター．第7回自然環境保全基礎調査，浅海域生態系調査（藻場調査）報告書，環境省．2008．

9章　生態系サービスの経済学的評価

大 石 卓 史*

　国際連合の提唱によって2001〜2005年に行われた地球規模の生態系に関するアセスメントであるミレニアム生態系評価（Millennium Ecosystem Assessment）によれば，生態系サービスの多くにおいて，劣化が進みつつあるとされている．生態系サービスの保全や利用について考える際には，環境側面のみならず，経済・社会的側面からのアプローチの重要性が指摘されている．生態系サービスには様々な形態があり，利用者（個人・家計，企業）も多様であるが，市場での取引がなされていないものも多いため，その価値が利用者らに十分に認識されないままに開発が優先されたり，適切な管理がなされないなど，生態系サービスの劣化を招く意思決定がなされるおそれがあるからである.

　そのような反省のもと，2010年10月に名古屋で開催された生物多様性条約第10回締約国会議（COP10）にあわせて，『生態系と生物多様性の経済学（The economics of ecosystem and biodiversity：TEEB）』（http://www.teebweb.org/）の最終報告書が公表になるなど，経済・社会的側面からのアプローチについても検討が進みつつある．

　本章では，生態系サービスの経済学的な評価について述べる．また，生態系サービスなどの環境側面の保全を実際に経済活動に取り込む手法として，近年注目が高まってきている水産エコラベル制度の我が国における導入・活用状況について紹介する．

§1. 生態系サービスの経済価値の評価
1・1　価値の分類

　環境経済学では環境的価値を，利用価値と非利用価値に分類することが多い．利用価値はさらに直接利用価値，間接利用価値，オプション価値の3つに，非利用価値は遺贈価値と存在価値の2つに分類される．

---

* 株式会社アミタ持続可能経済研究所

利用価値とは文字通り，環境や生態系を利用することで得られる価値のことである．直接利用価値は，実際に直接利用（消費）したことにより得られる価値であり，例えば食料生産（供給サービス：詳細は1章を参照）などが含まれる．間接利用価値は，直接的な利用（消費）はできないものの，間接的に利用されることで得られる価値であり，例えば，レクリエーション機能，国土保全機能などが含まれる．森林や海浜は利用によって消滅することはないが，利用者は森林や海浜を間接的に利用してレクリエーションを楽しみ，便益を享受している．オプション価値は，現在は利用されていないが，将来利用する可能性があるため，それまで利用するオプションを残しておくことで得られる価値のことである．例えば，今すぐにあるサンゴ礁を訪れることはないが，将来訪れる可能性があるためにそのサンゴ礁を残しておきたいと考える人がいるならば，そのサンゴ礁はオプション価値をもつ．オプション価値には，将来のレクリエーション利用や遺伝資源利用などが含まれる．

以上のような利用価値とは異なり，非利用価値には明確な利用形態が存在しない．遺贈価値は，自らの世代が利用することはないが，将来世代に対して自然環境やある生態系を残すことで得られる価値である．例えば，海洋や熱帯雨林に生息する生物は，子や孫などの将来世代の時代において医薬品などの原料として利用される可能性があり，それらを保全すべきであると人々が考える場合，遺贈価値をもつことになる．また，存在価値は，存在するという情報によって得られる価値である．例えば，自らの世代も自然環境やある生態系を全く利用することはないが，そこにそれらが存在するだけで価値があると人々が考える場合，存在価値をもつことになる．存在価値には，原生自然の保全や野生動物の保全などが含まれる．

浅海域を含む漁業関連の生態系サービスの評価にあたっても，水産物を市場財として消費することによる直接利用価値やレクリエーションなどの間接利用価値に加え，遺伝資源としての利用可能性を担保するといったオプション価値，さらには将来世代に受け継ぐための遺贈価値などにも焦点をあてるべきであるといえよう．

1・2　評価手法

また，これらの価値を環境評価（environmental valuation）と呼ばれる手法

を用いて，金銭単位で評価し，社会の意思決定の中に含めようとする取り組みが進められてきている．直接利用価値の評価については，「生産高評価法」のように，対象としている財・サービス（例えば水産物）の市場価値の変化分を用いて評価を行う手法を適用することも可能であるが，生態系サービスの多くは取引を行う市場が形成されていないため，適用は限定的となり，環境評価手法の適用が主要なアプローチになると考えられる．

環境評価の手法は，既存の市場情報などを用いて評価を行う顕示選好法（revealed preference）と，受益者に直接的に評価をしてもらう表明選好法（stated preference）に大別される．

顕示選好法は，対象となる人々の行動やその結果を活用した市場データをもとにして環境価値を評価する手法であり，トラベルコスト法，ヘドニック法などが含まれる．表明選好法は，人々に環境価値を直接たずねることで環境価値を評価する手法であり，仮想評価法（contingent valuation method：CVM），コンジョイント分析が含まれる．以下，それぞれのアプローチの代表的な手法について説明する．

顕示選好法のうち，トラベルコスト法はレクリエーション地までの旅行費用をもとに環境価値の評価を行う方法であり，主に，レクリエーション地の評価に活用されてきている．ヘドニック法は環境価値の存在が地価や賃金に影響を与えるというキャピタリゼーション仮説に基づき，評価を行う手法であり，地域のローカルなアメニティ機能の評価などが可能である．代替法は，評価対象であるサービスと同様の機能を果たす代替財（私的財）の市場価格に置き換えて評価を行う方法である．1972 年に林野庁より森林の多面的機能評価が公表されて以来，森林に加えて農業・農村や水産業・漁村の多面的機能評価にも適用がなされている[1]．

表明選好法のうち，CVM は，現在の環境の状態と変化後の環境の状態を示した上で，この環境変化に対して最大支払っても構わない金額（支払意志額（willingness to pay））や少なくとも必要な補償額（受入補償額（willingness to accept））を評価者に尋ねることで，環境価値を評価する方法である．CVM は利用価値，非利用価値いずれの評価にも適用可能という適用範囲の広さから，環境評価手法の中で最も集中的に研究が進められてきた手法である．前述の代

替法と同様，我が国の公共事業を対象とした評価（事業の経済的な効率性を評価する手法である費用便益分析）の中でも盛んに活用がなされてきた．CVMでは，アンケート回答者から得られる調査データを用いて評価額の推定が行われるため，常に評価額の推定に関わるデータの収集方法，その中でも特に評価額をアンケート回答者に尋ねる質問方式が重要な問題となる．CVMに用いられる質問方式としては，自由回答（open-ended）方式，付け値ゲーム（bidding game）方式，支払カード（payment cards）方式，二肢（dichotomous choice）方式，二段階二肢（double-bounded dichotomous choice）方式などの質問方式がこれまでに考案されている（図9・1）[2]．

コンジョイント分析は，マーケティングリサーチの分野で開発され，1990年代以降，環境評価手法としての適用が盛んとなった手法である．選択モデリング（choice modelling）や選択実験（choice experiments）と呼ばれる場合もある．CVMでは評価対象についての金銭を直接提示することで評価を行うが，

アマモ場は「海のゆりかご」とも呼ばれ，魚の餌場や産卵，稚魚の育成の場となっています．それだけでなく，アマモとその葉に付いた小さな藻が光合成により酸素を補給し，チッソやリンを吸収することで，水質や底質を浄化する役割も担っています．また，自然体験や環境学習の場としても利用することも可能です．

問1．このようなはたらきを持つアマモ場の保全を行うために，仮に，皆様からの寄付金によって運営される「■■地区のアマモ場保全基金」を設けたとします．1世帯あたりの寄付金額が年間500円であれば，あなたは寄付してもよいと思いますか．

　　1. はい→問2へ　　2. いいえ→問3へ

問2．問1で「1. はい」と答えた方にお聞きします．では，1世帯あたりの寄付金額が先ほどの金額より高い年間1,000円であっても，寄付してもよいと思いますか．

　　1. はい　　　　　　2. いいえ

問3．問1で「2. いいえ」と答えた方にお聞きします．では，1世帯あたりの寄付金額が先ほどの金額より低い年間250円であれば，寄付してもよいと思いますか．

　　1. はい　　　　　　2. いいえ

図9・1　二段階二肢方式の質問例（CVM）．

コンジョイント分析では，評価対象が様々な属性（例えば，アマモ場の保全面積，レクリエーション施設の整備，負担金額など）およびその属性がとりうる値（水準）から構成されていると仮定し，属性の水準の異なる選択肢（プロファイル）を評価者に複数提示し，それらを比較・選択してもらった結果から評価を行う．CVMが評価対象の総価値を評価するのに対して，コンジョイント分析は属性別に価値を評価できるという特徴がある．

表明選好法の最大の利点は仮想的な設問をうまくつくることで，顕示選好法では評価ができないような広い範囲を対象とできることである[3]．しかしながら，質問の方法によって結果にバイアスが発生し，評価結果の信頼性が低下するおそれがあることに注意が必要である．

環境評価を活用する利点としては，対象としている価値の金銭評価が可能であること，また，多様な価値観をもつ人々の意見の集約（数量評価）が可能であることがあげられる．そのような利点があるために，これまで，国内外において，公共事業などを対象とした費用便益分析や自然資源損害査定，環境会計，環境経済計算などの場面での活用がなされてきている．ただし，これらの手法はいずれも万能の手法ではないこと，活用の状況により求められる精度も異なることから，状況に即した手法の選択や運用方法が極めて重要であるといえる．例えば，評価結果が信頼区間でもって算定される場合にはその下限値を採用し控えめな評価を行い，評価結果のみならず，評価の過程とあわせて適切な情報開示を行うといった配慮をすべきであろう．

生態系サービスの評価にあたっては，各手法の利点と限界を踏まえつつ，評価が求められている状況に応じて適切な手法を選択することが必要になるが，非利用価値を含めた評価が可能である表明選好法の適用について検討を深めていくことが特に重要であろう（図9・2）．水産資源を対象としたこれらの分析事例の蓄積も進みつつある．ただし，CVM，コンジョイント分析ともにアンケート調査により分析データを収集する必要があることに加え，前述の通り種々のバイアスも指摘されているため，慎重な調査設計が求められる．

なお，環境評価は環境そのものの本源的な価値を評価するのではなく，そこから湧出しているサービス，すなわち，生態系サービスに対する私たち現代の人間の選好を，経済価値として評価するものである．自らがサービスに対して

9章 生態系サービスの経済学的評価

- 利用価値
  - 直接利用価値
    （例：水産物）
  - 間接利用価値
    （例：レクリエーション）
  - オプション価値
    （例：遺伝資源）

- 非利用価値
  - 遺贈価値
  - 存在価値

顕示選好法
- 代替法
- トラベルコスト法
- ヘドニックアプローチ

表明選好法
- CVM（仮想評価法）
- コンジョイント分析

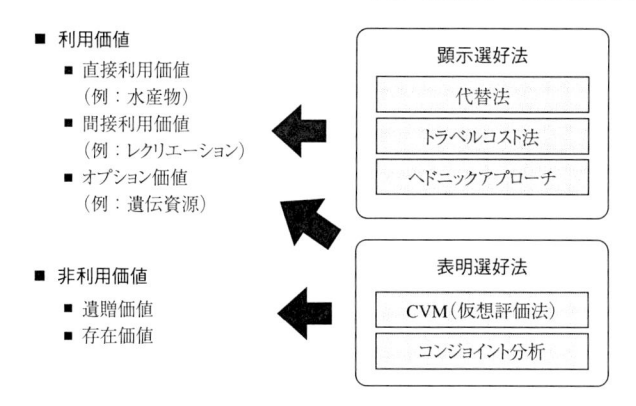

図9・2　価値の分類と評価手法.

付けた価格が経済価値となり，それらの情報を社会の様々な意思決定に活かそうとするものであり，環境そのものの価値を計っているのではないことに注意が必要である．

§2. 水産エコラベル制度の活用
2・1　水産エコラベル制度の現状と特徴

　生態系サービスなどの環境側面の保全を実際に経済活動に取り込む手法として，水産エコラベル制度を紹介する．世界の水産資源の75％が過剰漁獲または限界利用状態といわれる[4]ほど，現在水産資源は深刻な状態にあり，欧米諸国や途上国における水産物消費の増大とあいまって，水産物需給は逼迫化している．このような状況を受け，持続可能な水産資源管理や生態系サービスの持続的な利用が国際的な課題となっているが，その対応策の1つのアプローチとして，水産エコラベル制度が注目を集めている．

　水産エコラベルとは，水産物の生産段階における水産資源管理や生態系保全に関する評価を製品に表示することで，製品の差別化を促し，消費者の選択によって市場を通じて持続的な漁業の普及を目指すしくみであり，関連する取り組みは近年拡大傾向にある．代表例としてはイギリスに本部を置く海洋管理協議会（Marine Stewardship Council：MSC）による認証制度がある．

　MSCの認証制度では，MSCは認証制度の設計や運営を主な役割としており，

実際の認証審査は第三者である認証機関によって行われる．また，MSC 認証は，漁業の持続可能性を認証する漁業管理認証と，加工流通過程でのトレーサビリティを認証する COC 認証から構成されている（図9・3）．漁業の持続可能性については，MSC の漁業認証の規格である「持続可能な漁業のための原則と基準」において「資源管理・環境保全・管理システム」の3つが原則として定められており，対象資源の持続可能性を考慮すること，非対象種の持続可能性や周辺生態系保全に配慮すること，漁業管理システムが機能し，関連法規を遵守することなどを求めている．

　MSC 漁業認証は第一号の認証が 2000 年に発行された後，認証取得漁業数は年々増加している（図9・4）．2008 年5月には認証済みおよび認証審査中の漁業の数は全世界で 100 に達し，2008 年9月には，京都府機船底曳網漁業連合会（京都府舞鶴市）によるズワイガニ漁とアカガレイ漁が，アジアで初めてとなる MSC 漁業認証を取得した（図9・5）．また，2009 年には，土佐鰹水産グループが，遠洋カツオ一本釣り漁業で国内漁業2件目の認証を取得している．

　更に，MSC とは別に，2007 年にはわが国独自の水産エコラベル制度であるマリン・エコラベル・ジャパンが設立され，2008 年 12 月には日本海かにかご漁業協会（鳥取県境港市）によるベニズワイガニかご漁業（口絵2）が，また 2009 年5月には，由比港漁業協同組合（静岡県静岡市）および大井川港漁業共同組合（静岡県焼津市）によるサクラエビ2そう船びき網漁業，ならびに十三

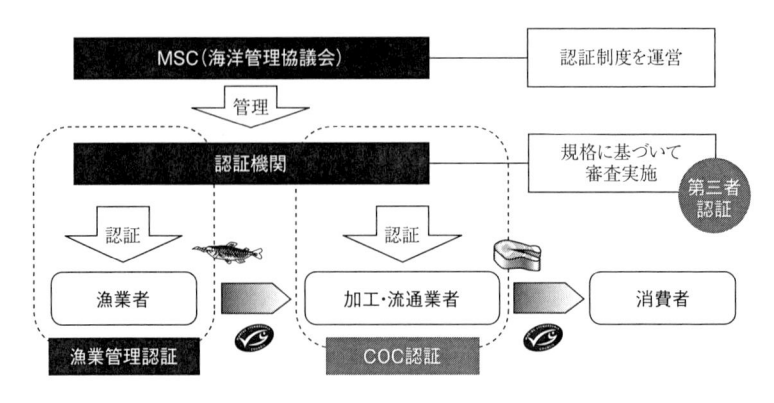

図9・3　MSC 認証制度の概要．

MSC認証を受けた漁業と魚

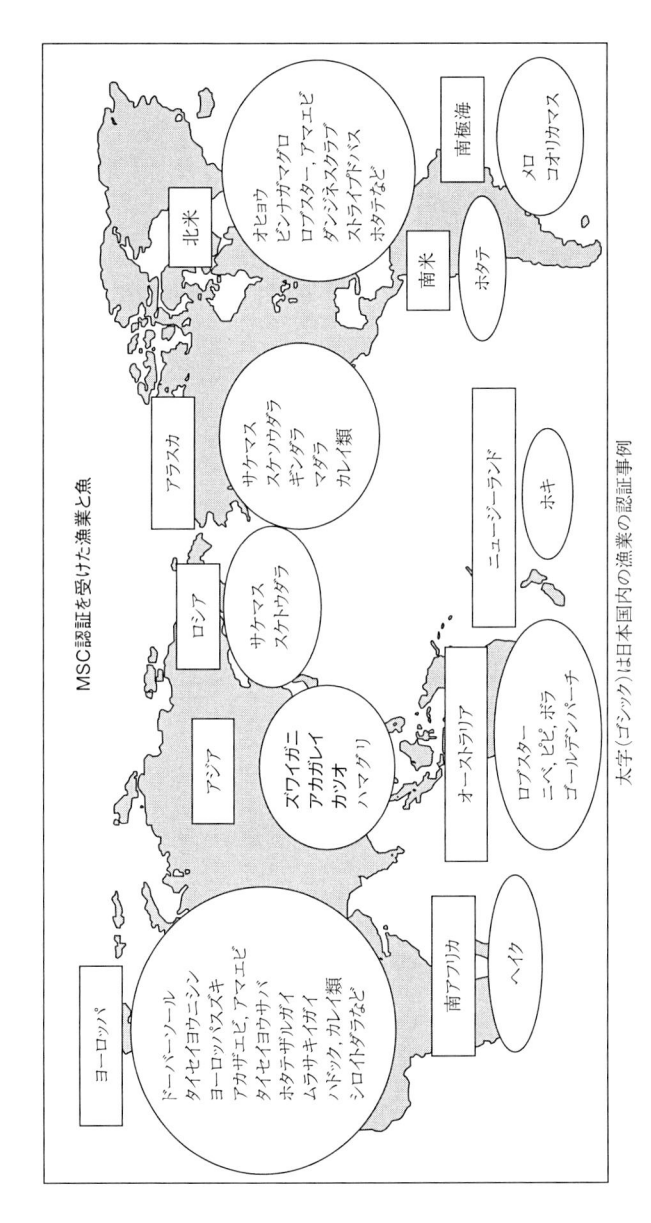

北米
オヒョウ
ピンクサケ、カラフトマス
ロブスター、アマエビ
ダンジネスクラブ
ストライプドバス
ホタテなど

南極海
メロ
コオリカマス

南米
ホタテ

アラスカ
サケマス
スケソウダラ
キンダラ
マダラ
カレイ類

ロシア
サケマス
スケトウダラ

ニュージーランド
ホキ

アジア
ズワイガニ
アカガレイ
カツオ
ハマグリ

オーストラリア
ロブスター
ニベ、ビビ、ボラ
ゴールデンパーチ

ヨーロッパ
ドーバーソール
タイセイヨウニシン
ヨーロッパスズキ
アカザエビ、アマエビ
タイセイヨウサバ
ホタテザルガイ
ムラサキイガイ
ハドック、カレイ類
シロイトダラなど

南アフリカ
ヘイク

図9・4 MSC認証を取得した漁業（2010年3月時点）．
太字（ゴシック）は日本国内の漁業の認証事例．

漁業共同組合（青森県五所川原市）による十三湖シジミ漁業が認証を取得した．

こうした一連の動きの背景としては，流通業をはじめとした事業者が安定的かつ持続的に水産物の取引や調達を行う手段として，また，CSR（企業の社会的責任）活動を実践する手段として水産エコラベル制度を位置づけ，実際に活用し始めた点が指摘できるだろう．わが国におけるMSC認証製品の流通は，国内漁業の認証取得に先駆けて2006年から開始され，徐々に広がりつつある．

図9・5 MSCラベルのついたアカガレイ（ジャスコ洛南店店頭にて）．

水産エコラベルの利用により，水産資源管理や生態系保全に関する取り組みを行っている漁業により捕獲された水産物か否かの判別が消費者の購入段階で可能となる．このように，消費者サイド（川下）からの購入支持という市場機能を介したアプローチによって，漁業者サイド（川上）に対して水産資源管理や生態系保全の要請を行う点が水産エコラベルの利点の1つであるといえる．こうした利点を活かし，水産エコラベルの実効性を高めるためには，流通・消費段階での認知・支持を得ることが必要不可欠である．

2・2 水産エコラベル制度に関する調査事例

京都府および東京都在住の消費者を対象としたインターネットアンケート調査により得られた，MSC認証漁業・制度の認知度，購入経験，今後の購入意向に関する回答の集計結果を示した[5]（図9・6～9・8）．このアンケート調査は，家庭の中で最も食料品をよく購入していること，水産物を月1回以上購入していること，といった条件を満たした京都府ならびに東京都内在住の20歳以上の男女を対象に行ったものである．また，地域別・年代別に割付を行い，各地域200件の回答データを入手している（20～39歳：67サンプル，40～59歳：67サンプル，60歳以上：66サンプル）．

MSC認証制度および国内のMSC認証漁業に対する認知については，制度および認証を取得した国内漁業の存在ともに回答者の1割程度が認知を示す結果

9章 生態系サービスの経済学的評価 *125*

水産資源の適切な管理を行っている漁業に
対して認証を与える国際的な認証制度として,
MSC(Marine Stewardship Council)認証制度
がある.[単一回答](*n*=200(京都府・東京都ともに))

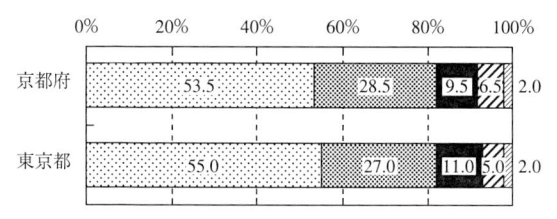

	まったく聞いたことがない	聞いたことはないように思う	どちらともいえない	聞いたことがあるように思う	確かに聞いたことがある
京都府	53.5	28.5	9.5	6.5	2.0
東京都	55.0	27.0	11.0	5.0	2.0

国内でもMSC認証を取得している漁業がある.
[単一回答](*n*=200(京都府・東京都ともに))

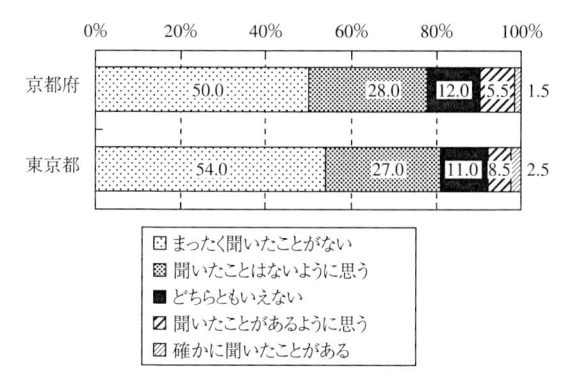

	まったく聞いたことがない	聞いたことはないように思う	どちらともいえない	聞いたことがあるように思う	確かに聞いたことがある
京都府	50.0	28.0	12.0	5.5	1.5
東京都	54.0	27.0	11.0	8.5	2.5

凡例:
- まったく聞いたことがない
- 聞いたことはないように思う
- どちらともいえない
- 聞いたことがあるように思う
- 確かに聞いたことがある

図 9・6　MSC 認証漁業・制度に対する認知.

MSC認証製品(水産物)を購入したことがある.
[単一回答](*n*=200(京都府・東京都ともに))

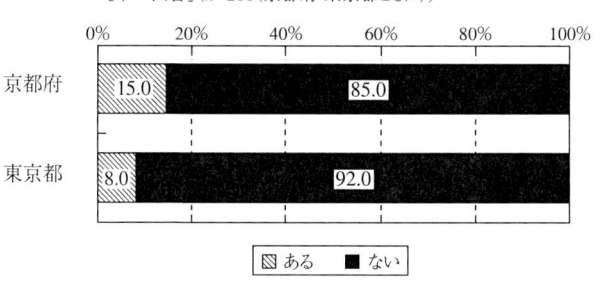

	ある	ない
京都府	15.0	85.0
東京都	8.0	92.0

図 9・7　MSC 認証水産物の購入経験.

資源管理が適切に行われていることが第三者によって認証されている以下のそれぞれの水産物について，身近で購入できるとしたら，あなたは購入してみたいと思いますか．
［単一回答］（n=200（京都府・東京都ともに））

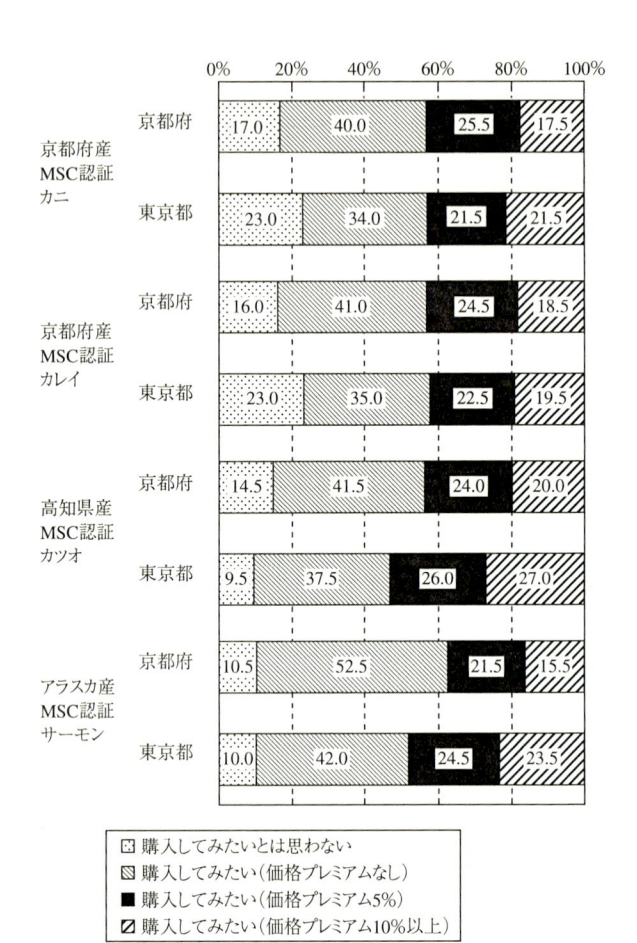

		購入してみたいとは思わない	購入してみたい（価格プレミアムなし）	購入してみたい（価格プレミアム5%）	購入してみたい（価格プレミアム10%以上）
京都府産MSC認証カニ	京都府	17.0	40.0	25.5	17.5
	東京都	23.0	34.0	21.5	21.5
京都府産MSC認証カレイ	京都府	16.0	41.0	24.5	18.5
	東京都	23.0	35.0	22.5	19.5
高知県産MSC認証カツオ	京都府	14.5	41.5	24.0	20.0
	東京都	9.5	37.5	26.0	27.0
アラスカ産MSC認証サーモン	京都府	10.5	52.5	21.5	15.5
	東京都	10.0	42.0	24.5	23.5

図9・8　MSC認証水産物の購入意向．

となった．また，MSC認証水産物の購入経験は，京都府の方が東京都よりもやや多くなった（京都府：15.0%）．これらの結果は，MSC認証水産物の国内流通量がわずかであることを踏まえると，比較的高い認知であるといえる．MSC

認証水産物4種に対する購入意向については，全魚種ともにおよそ80％の回答者が何らかの購入意向を有する結果となっている．このように水産エコラベル製品に対する消費者の関心や需要は潜在的なものまで含めると，一定程度存在しているものと思われる．

また，一次産業の分野では，特に水田農業において，地域の生物多様性を保全する指標となる生物種を設定し，その名称やデザインを用いて，地域や産物のブランド化や認知度の向上を試みる事例も増えつつある．

例えば，滋賀県高島市で展開されている「たかしま生きもの田んぼプロジェクト」では，高島市内の農家グループ「たかしま有機農法研究会」が中心となり，自慢の生きものの設定や，産卵期の魚が琵琶湖から水田に上がるための魚道やカメなどが水路からはい上がるためのスロープの設置，ビオトープの造成など，個々の水田環境に応じた共生策を実施しながら環境共生型の稲作を行い，「たかしま生きもの田んぼ米」というブランド名で共同販売を行っている．また，消費者，流通事業者，地域住民や研究教育機関との交流・連携や各種情報発信にも，農家グループ自らが積極的に取り組んでいる（図9・9）．また，コウノトリの野生復帰を目指している兵庫県豊岡市では，コウノトリが生息できる環境作りの一環として，農薬をできるだけ使用しない稲作技術（「コウノトリ育む農法」）の普及を進めている．生産された米は「コウノトリ育むお米」という名のブランド米とし

図9・9　たかしま生きもの田んぼ米の米袋．

て地域の農業協同組合を通じて,全国各地で販売がなされている.

いずれの取り組みにおいても,自然の恵み,共生のストーリーを関係者と分かち合うことが重視されており,試行錯誤の結果として,生産物の販路の拡大や経営の安定化にもつながっている.これらの取り組みは,水産業の分野においても参考になるであろう[6].

§3. 今後に向けて

本章では,生態系サービスの経済学的な評価手法として用いられる環境評価の紹介,ならびに,生態系サービスなどの環境側面の保全を実際に経済活動に取り込む手段である水産エコラベル制度の紹介を行った.生態系サービスの経済価値の評価は,評価の意義と手法の限界を踏まえた上で実施する必要がある.また,生態系サービスの持続的な享受のためには,生産場での配慮を関係者が支える仕組みが必要である.そのため,水産エコラベル制度のように,漁業者サイドのみならず,消費者や流通事業者などの需用者サイドも巻き込みつつ,資源管理・環境配慮を実施できるアプローチ(可視化ツールの採用)が今後より一層重要となってくるものと考えられる.

文献

1) 吉田謙太郎.生物多様性と生態系サービスの経済学的評価.農村計画学会誌 2010;28:132-137.
2) 肥田野登編.「環境と行政の経済評価 CVM(仮想評価法)マニュアル」勁草書房,東京.1999.
3) 浅野耕太.非市場評価の理論と応用.「環境経済学講義」(諸富 徹,浅野耕太,森晶寿編)有斐閣ブックス.2008;169-193.
4) FAO. *The State of World Fisheries and Aquaculture*. FAO. 2006.
5) 大石卓史,大南絢一,山崎淳,田村典江.MSC認証水産物に対する消費者選好の分析-京都府産ズワイガニおよびアカガレイを対象として-.フードシステム研究 2010;17.
6) アミタ持続可能経済研究所.生きものマークガイドブック.農林水産省.2010.

10章　地球環境変動と生態系サービス，人間活動の関連性の解明に向けて

仲岡雅裕[*1]・松田裕之[*2]

　沿岸域には，サンゴ礁，マングローブ，藻場，干潟など，生物多様性，生態系機能，生態系サービスが非常に高い場所が広がっている．しかし，人間活動の拡大に伴う富栄養化や海岸開発などの様々な問題の影響を受けて，これらの生態系は著しいスピードで劣化が進行している[1-3]．さらに，近年進行する地球規模の気候変動は，水温上昇，海水面上昇，海水の酸性化など様々な環境の変化を通じて，沿岸生態系に深刻な影響を与えつつある[4]．

　このようにローカルな環境劣化とグローバルな環境変動が同時かつ複合的に進行する状況下で，今後の沿岸生態系の変動を正確に予測することは難しい．しかし，生物多様性や生態系機能の変化は，生態系サービスの変容を通じて人間社会に多大な影響を与える[5]．さらに重要な点は，気候変動の進行に伴う生態系の変動は，今後の人間の経済活動の選択（シナリオ）により大きく異なってくることにある[6]．それゆえ，今後の生態系の変動の予測およびそれに基づく生態系管理方法の立案・実施に向けては，自然科学と社会科学の統合的なアプローチの推進がよりいっそう求められる．

　このような背景に基づき，環境科学と社会経済学を統合的に扱う新たな研究分野の創設が近年盛んに提唱されるようになった[5, 7, 8]．この新たな学問領域では，「拡大する人間活動が環境改変を通じて生態系の構造を変化させ，それが生態系機能，生態系サービスの変化を通じて人間社会に影響を与える」というフィードバックをフレームワークの基盤としている．とりわけ，2005年に発表されたミレニアム生態系評価[7]では，人間活動による生態系，生物多様性，生態系サービスのこれまでの変化，および異なるシナリオに基づく今後の変化の予測を行い，今後の学問上および政策上の様々な提言を行っている．

[*1] 北海道大学北方生物圏フィールド科学センター
[*2] 横浜国立大学環境情報研究院

しかし，実際に統合的解析を進めるにあたってはまだ課題も多い．もっとも困難な点として，多くの生態系において，人間活動による変遷を正確に評価するためのベースラインとなる長期的なデータが欠如していることがあげられる．また，各生態系の特性や，研究や管理に取り組む人の立場によって，着目する問題やアプローチが異なるために，共通の指標を用いて地域間比較を行うことが難しいという問題点もある．特に生態系サービスの評価においては，従来の生態学や生物資源学が行うような科学的な定量評価が難しい変数も多い．

このような課題に取り向かう有効なアプローチの1つとして，生態系に関する長期データを収集しつづけている複数の野外生態学の拠点（サイト）において，共通のプロトコルで生態系と人間活動の関連性の解析を行う方法が提唱されている[9]．本章では，このアプローチによる生態系サービスと人間活動の変動の解析法を沿岸域に適用することを試みる．後半部では，特に重要と思われる課題である生態系サービスのトレードオフについて取り上げ，それを考慮に入れた新たな生態系管理の考え方について紹介したい．

§1. 人間活動と生態系サービス，環境変動の相互関連性の解析

上記で述べた生態科学と社会科学の統合的解析による生態系サービスの変動評価の取り組みの一例として，国際長期生態学研究ネットワーク（International Long-term Ecological Research Network，以下 ILTER）が実施している Integrative Science for Society and Environment（以下，ISSE）という研究プログラムを紹介する．

ILTER は，長期的な生態学的・社会経済学的研究に携わる野外研究サイトの国際ネットワークで，アメリカで先行して組織された US-LTER を母体として 1993 年に設立された．2010 年 3 月現在で 42 ヶ国が参加しており，森林，草原，都市域，沿岸域，極域など地球上の様々な生態系にわたる合計 500 以上のサイトが登録されている．我が国においては，日本長期生態学研究ネットワーク（Japan Long-term Ecological Research Network：JaLTER）が ILTER の国内組織として 2006 年に設立されている．JaLTER には 2010 年 3 月現在，森林，草地，河川・湖沼・海洋など 50 サイトが加盟している．沿岸域においては，大学の臨海実験所や水産実験所，独立行政法人などを管理主体とした 11 サイト

が参加している.

ISSE は，US-LTER の 10 年計画の一環としてとして 2007 年に提唱されたプログラムであり，全米の主要な生態系を対象に，環境・生態系・人間社会の関連性とフィードバック機構を解明しようとしている[9]．ITLER はこれを世界規模に拡大した「生態系サービスイニシアティブ」というプログラムを 2008 年より実施中である．このプロジェクトで利用する共通フレームワークを説明しよう（図 10・1）．まず，各生態系の構造と機能の関係を示す「地球科学テンプレート」と，人間活動の変動様式を示す「社会学テンプレート」の 2 つを用意する．「社会学テンプレート」は人間活動に伴う環境プロセス（外部要因と直接的要因）の変化を通じて，「地球科学テンプレート」に影響を与える．一方，「地球科学テンプレート」は生態系サービスの変化を通じて，「社会学テンプレート」に影響を与える．このフレームワークにより，人間活動，環境，生態系のフィードバック構造を複数の空間スケールにわたって解析する．

各生態系におけるフレームワークは，次の 5 つの質問を設定することにより

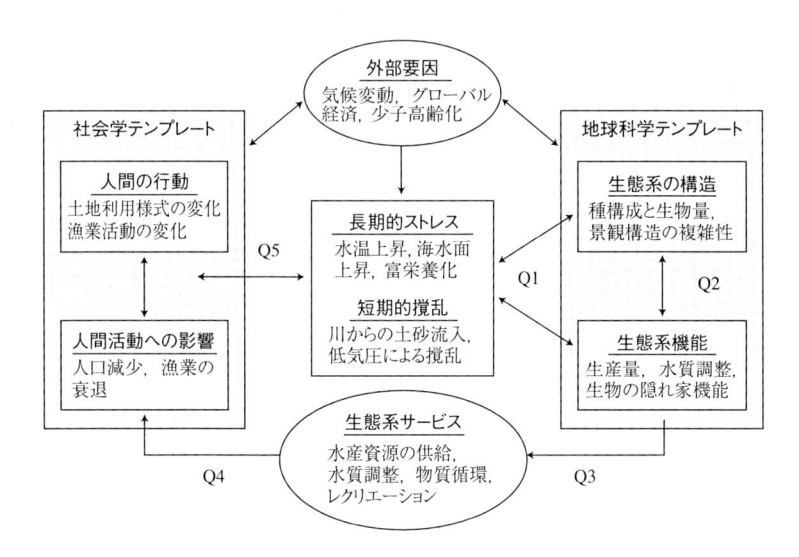

図 10・1　ISSE のフレームワーク．
環境要因，生態系（地球科学テンプレート），生態系サービス，人間活動（社会学テンプレート）の関係が 5 つの質問により結ばれている．北海道東部へ適用した場合の具体例を示す．

作成することができる．

(Q1) 長期的および短期的な人間のインパクトはどのように相互作用しながら生態系の構造と機能を改変するか，

(Q2) 各生態系の生物学的な特徴と物質・エネルギー循環の特徴はどのような因果関係になっているか，

(Q3) 生態系の変化はどのように生態系サービスを改変するか，

(Q4) 生態系サービスの変化は人間の行動にどのように影響するか，

(Q5) 生態系における人間由来の負荷の頻度や強度，様式には，どのような人間の行動選択が影響しているか，またそのような行動選択は何によって規定されているか．

このフレームワークを浅海域生態系に当てはめてみよう．筆者の1人の研究フィールドである北海道東部（釧路・根室地域）の沿岸域一帯を対象とする．この海域は日本の沿岸域の中では人口密度が低く，人間活動の影響が比較的少ないところである．また陸域，海域ともに原生的な自然景観が比較的良好に保全されており，自然を対象としたエコツーリズムも盛んである．気象・海象の面では，沿岸を南下する親潮の強い影響を受け，気温，水温ともに日本で最も低い地域である．沿岸に広がる半閉鎖系水域の多くは冬季に氷結するが，これは春から夏の生態系や生物群集の動態に大きな影響を与えることが知られている[10]．

水温が低いにも関わらず，沿岸域の海草や海藻の生産性は著しく高いことも知られている．例えばこの海域の海草の一種であるオオアマモの純一次生産量は，世界の平均的なアマモ場のそれよりもはるかに高い[11]．その高い生産性を反映して，沿岸域では実に多種多様な海洋生物が水産有用種として利用されている．一方，陸域の農地開発による過剰な栄養塩の供給，大雨に伴う土砂の流入，さらに一部海域ではアサリ，カキ，ホタテなどの貝類の養殖の拡大が，水質や底質に悪影響を与えることが懸念されている．

この海域でのISSEフレームワーク，および5つの質問は次のように設定される（図10・1）．まず，主要な外部要因である気候変動や貿易のグローバル化に伴う経済活動の拡大は，水温上昇，冬季の氷結面積の減少，陸域の土地利用の変化（森林から農地への変換）を通じた物質供給パターンの変化，養殖や漁業活動の拡大を通じた資源の減少などを引き起こす．これらの人為的な生態系

改変は，特に汽水域や内湾域の生態系の構造や生物多様性に負の影響を与えるであろう（Q1）．特に懸念されるのは，主要一次生産者がアマモやコンブなどの大型植物から，小型の植物プランクトンや付着性藻類に変化することである（後述）．このような生態系の構造の変化は，海域の生産性，水質，および物質循環のパターンに影響を与えるとともに，養殖場などの面積変化を通じて，浅海域の物理的な機能にも栄養が及ぶことが予想される（Q2）．沿岸生態系の機能の変化は，主要な生態系サービスであるコンブ，貝，エビカニ類，および魚類などの有用水産生物の水揚げ量に大きな影響を与えると思われる．また，水質や底質の調整機能や，湿原生物や鳥類などエコツーリズムの対象生物の動態にも影響するであろう（Q3）．これらの生態系サービスの変化は，主力産業である水産業の減退を引き起こす一方，環境教育や観光産業に関わる人々の意識や行動の変化にもつながるかもしれない（Q4）．最終的に，産業構造や住民の意識の変化は，沿岸水域の利用方法の変化や漁獲量および水産業の質的な変化を通じて，沿岸生態系の長期的な変化を引き起こすことが予想される（Q5）．

　このフレームワークの構造および鍵となる質問は，仮に同じタイプの生態系を対象としていても，沿岸における人間活動の様式やその強度の違い，さらには自然生態系の価値に対する認識の違いなどにより，地域により大きく異なってくることが予想される．一方，生態系の特性が全く異なる場所間でも，人間の社会的・経済的な活動が類似しているところでは，同じようなパターンが出てくるかもしれない．長期的な自然生態系および人間活動のデータがある多数のサイトにおいて，このような共通のフレームワークに基づいて比較解析することにより，生態系の特性に応じた人間活動と生態系の変動の相互作用の理解が進むものと期待される．

§2. 生態系サービスの変化の方向性・関連性

　上記で説明したフレームワークにおいて，生態系サービスは2つのテンプレートを結びつけるキーポイントとなる部分である．このため，各サイトにおいて主要な生態系サービスを選定し，その変化の方向性を評価することが，きわめて重要な作業になる．

　「生態系サービスイニシアティブ」では，生態系サービスの比較解析のため，

各サイトで最も重要と考えられる生態系サービスを複数抽出し，それぞれについて近年の変化の方向性，変化をもたらす主要要因，および地域住民の認知度を検討する．生態系サービスは基本的に，ミレニアムアセスメントの区分[12]に従って選定することになっているが，海域によってはこれに含まれない主要な生態系サービスもあろう．また，基盤サービスは他のサービスの基礎と位置づけられるものであるため，この解析には含めない．

先ほどと同様に北海道東部沿岸の例を示そう（表10・1）．本海域の主要な生態系サービスとして，食料供給（供給サービス），水質調整（調節サービス），底質の安定化（調節サービス），自然災害の防止（調節サービス），エコツーリズムとレクリエーション（文化サービス），教育的価値（文化サービス）があげられる．変化の方向性はサービスの種類により異なる．道東沿岸の例では，漁業・養殖業を通じた食料供給は過去数十年で増加した．一方，水質調整や底質の安定化などの調節サービスは，陸からの有機物の流入や過剰な養殖，および近年の水温上昇などにより劣化していると思われる．エコツーリズムとレクリエーション，および環境教育への利用は，近年の人々の生態系や生物多様性保全に関する認識とともに増加していると思われる．

各生態系サービスの変化はそれぞれ独立に変化するわけではなく，それらの

表10・1　道東沿岸域における主要な生態系サービスとその特性．

生態系サービス	変化の方向性	主要要因	認知度	管理主体
食料供給（提供）	増加	生産性の変化，河川流入，水温上昇	高	漁師，漁協
水質調整（調整）	低下	生産者の変化，水温上昇	中	地方自治体
底質の安定化（調整）	低下	土地利用様式の変化	低	地方自治体
自然災害の防止（調整）	低下	気候変動，土地・水面利用様式	低	地方自治体
エコツーリズムとレクリエーション（文化）	増加	生物多様性の変化，土地利用様式の変化	中	地方自治体，NPO
教育的価値（基盤）	増加	生物多様性の変化，土地利用様式の変化	中	地方自治体，NPO

変化には関連性があることが予想される．道東沿岸域の例では，食料供給（水産・養殖の水揚げ）の過度の増加は，漁具による生息地の撹乱や，動物の養殖に伴う栄養塩の過剰供給などを通じて，水質調整や底質安定化などの調節サービスに負の影響を与えることが予想される．このような生態系サービス間に負の関係，すなわちトレードオフが存在する場合に，生態系の保全や管理に与える影響については後述する．

§3. 気候変動と生態系サービス，人間活動の変動予測

それでは，ISSE フレームワークを元に，生態系の変化が社会に与える影響，およびそれらがフィードバックして生態系に与える影響について，より具体的な解析を行ってみる．ここで注意しなければいけないのは，生態系の変化と人間活動の変化が生ずる空間スケールが異なることである．1つの湾や海岸で生ずる生態系の変化は，そこで生計を立てる地域住民に影響を与えるが，その効果は，経済活動の広域化やグローバル化に伴い，地域全体，さらには地球全体にまで波及する可能性がある．今回の解析においては，1つの海域から地域全体に至る複数の空間スケールを考慮する．

生態系の変化の特徴として，環境の変化が漸次的に進行しているにもかかわらず，生態系の構造が環境勾配の閾値（threshold）を境に急激に変化する現象がよく知られており，このような非線形的な反応は「レジームシフト」と呼ばれている[13]．陸上生態系において森林が草原に急激に変化する例，閉鎖系湖沼における水草が優占する状態から植物プランクトンが優占する状態になる例が有名であるが，同様のレジームシフトは沿岸海域でも生じていることが指摘されている[14]．

そのような生態系の急激な変化は，生態系サービスの変化を通じて，人間の経済活動や社会構造までに急激な変化を与える可能性がある．この影響評価の1つの方法として，異なる空間スケールを考慮した関連性解析のモデルとその適用について紹介する[15]．

このモデルでは，まず3つの異なる空間スケールを設定する．最小のものは「パッチ」であり，実際に生態系のレジームシフトが起こるスケールを想定している．その上位のスケールは「局所」で，地域・海域の管理単位を想定している．

最上位のスケールは「地域」である．例えば，陸域の農地生態系であれば，パッチは1つの畑，局所区域は1つの農場，地域生態系は，同様の農業を行う地域

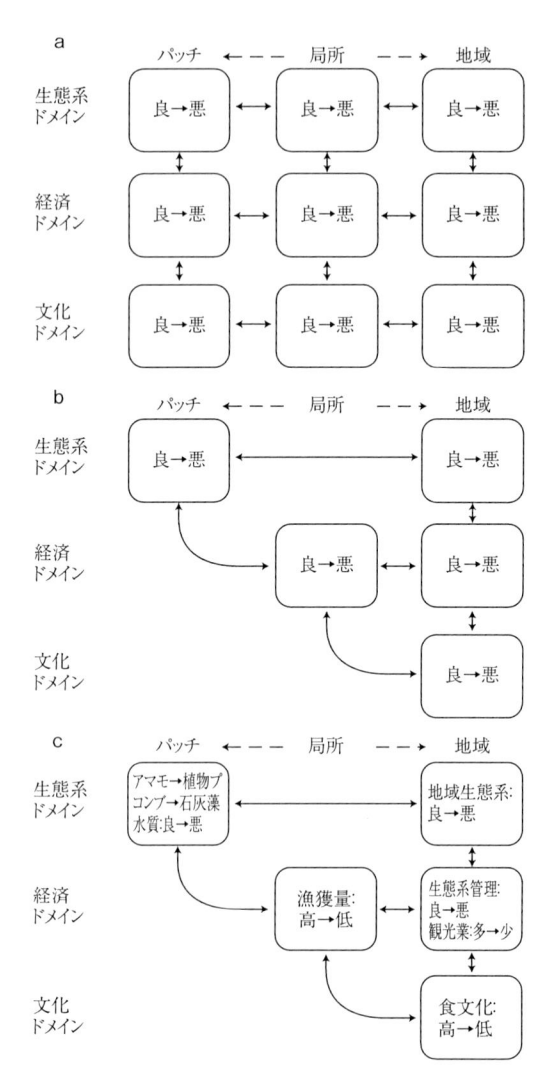

図10・2 レジームシフトの連鎖反応．
a) 理論的には，3つのスケールと3つのドメインと組み合わせで合計9個の領域でレジームシフトが起こりうる．b) 実際に連鎖反応が認められる組み合わせは限られる．c) 北海道東部の沿岸域に適用した例を示す．図中の「植物プ」は植物プランクトンを指す．

全体となる．一方，レジームシフトの起こる領域（ドメイン）として，「生態系ドメイン」，「経済ドメイン」，「文化ドメイン」の3つを設定する．ISSEフレームワークに当てはめると，生態系ドメインが地球科学テンプレート，経済ドメイン，文化ドメインが，社会学テンプレートに対応することになる．レジームシフトの連鎖反応は原則としては，このスケールとドメインの組み合わせ全ての間で起こることになる（図10・2a）．しかし，実際には，レジームシフトと連鎖反応が観察される組み合わせは限定されて，より簡単な形になる（図10・2b）．

実際にこのモデルを道東海域に適用させた例を紹介しよう（図10・2c）．この海域における主要な環境要因の変動は，人間による土地利用や水面利用の変化に伴う富栄養化の進行，地球温暖化に関連した水温や水面の上昇，冬季の氷結面積の減少などである．今のところ急激な生態系の変化は観察されていないが，今後，日本の他の海域と同様に，水質の悪化や植食者の増加による主要一次生産者の交代（アマモから植物プランクトン，コンブから石灰藻）も懸念されている．

コンブやアマモなどの大型海洋植物群集の減少は，陸域から供給される栄養塩の吸収・貯留機能の低下を引き起こし，水質の更なる悪化に結びつくことが考えられる[10]．また，この海域の藻場には多様な動物が生息していることが知られており[16]，藻場の衰退は，水産有用種を含む多数の魚類，甲殻類，貝類などの減少も引き起こすであろう．すなわち，生態系のレジームシフトは，この海域の主要生態系サービスである水産資源供給および水質調節サービスの低下を通じて，漁業従事者や水産加工業に携わる地域住民の経済状況に負の影響を与える可能性が高い．この変化が急激に起こる場合は，経済ドメインにおけるレジームシフトの連鎖が発生することになる．

生態系の劣化は，地域住民の経済状況だけでなく，社会的・文化的状況にも影響を及ぼすことが懸念される．本沿岸地域で獲れる水産物は，その品質の高さで全国的に有名であり，「ブランド海産物」として高い単価で取引される一方，いわゆる「グルメツアー」などの観光産業にも貢献している．一言で言えば「食文化」としての価値ということになろう．生態系機能の低下が水産資源の量だけでなく質の悪化にも結びつく場合には，地域の食文化のアイデンティティ（誇り）の崩壊につながるかもしれない．また，伝統的な漁業自体が観光資源となっている海域もあり（本書3章を参照），この場合，生態系の劣化は地域の伝統の喪失

にまで影響が連鎖する.

これらの経済的,文化的レジームシフトの連鎖の進行は,地域レベルでの水産資源管理にも深刻な影響を与えかねない.最も懸念されることは,現在の水揚げ量や収入レベルを維持するために,水産資源の乱獲や過剰な養殖が進むことであり,これは水質や底質の悪化や生息地の物理的撹乱をさらに進行させて,沿岸生態系の一層の悪化を引き起こすというフィードバック(悪循環)をもたらすであろう.

このようなレジームシフトの連鎖の予測に対しては,適切な沿岸生態系管理によりこのフィードバックが進行しない方策を考え実行していくことが求められる.まず何よりも重要なのは,生態系のモニタリングを長期的に継続して,生態系の状態の変動を示す定量的なデータを取り続けるとともに,操作実験や数理モデル解析などを併用した統合的研究を進めることにより,上記の定性的な予測に定量的な裏付けを与え,予測の精度を向上させることである.そのような科学的知見を集積することにより,環境要因の変化を抑えるための緩和策や,変化が生じた後の適応策を立案,実施することが可能になる.これにより長期的な生態系の変動に対応した生態系サービスの持続的な利用を実践できるようになるであろう.

§4. 生態系サービスのトレードオフを考慮した沿岸生態系管理

上記の解析の中で特に着目すべき点として,沿岸生態系がもつ多種多様な生態系サービスの間の関係性の特徴およびそれを考慮した沿岸生態系管理について考えてみたい.

既に述べてきたように,生態系サービスには生態系機能を担保する一次生産などの基盤サービスのほか,漁獲物などの供給サービス,環境浄化機能などの調節サービス,観光資源などの文化サービスがある.これらの間には,1つの生態系サービスを追い求めると他の生態系サービスが発揮されなくなるという負の相関,すなわちトレードオフが存在する.

生態系サービスのトレードオフは最近認識されるようになった比較的新しい問題である[8].これまでの解析により,世界各地の多くの生態系において,供給サービスが増加すると調節サービスが減少するというトレードオフが一般的に

存在していることが示されている[17]．

そのような生態系サービスのトレードオフが存在する状況での適切な生態系管理の方法について，漁業を対象とした簡単な数理モデルを用いて考えてみよう．ある生物資源の資源量を N，漁獲量を C，漁獲努力量を E とする．ここでは，漁獲により利益 Y は漁獲量 C の増加関数と仮定し，漁獲以外の生態系サービス S は，資源量 N の増加関数と仮定する．生態系サービスの総計 V は $V(N, C) = Y(C) + S(N)$ と表され，C は努力量 E と資源量 N の増加関数である．また，資源量の動態 dN/dt は再生産関係 $f(N)$ により $dN/dt = f(N) - C$ と表されるだろう（図10・3）．

このとき，長期的な漁業収益 Y の最大値（持続可能収量：MSY）は $dN/dt = 0$ の定常状態における資源量 N^* から得られる．MSY は，図10・3のように中庸の努力量で達成される．しかし，定常資源量 N^* およびその漁業以外の生態系サービス $S(N^*)$ は努力量 E の減少関数であり，生態系サービスの総計 V を最大にする努力量は，MSY を達成する努力量よりも常に小さくなる[18]．

従来の水産行政は，乱獲を防ぎ，最大持続生産量を実現することを目標とし

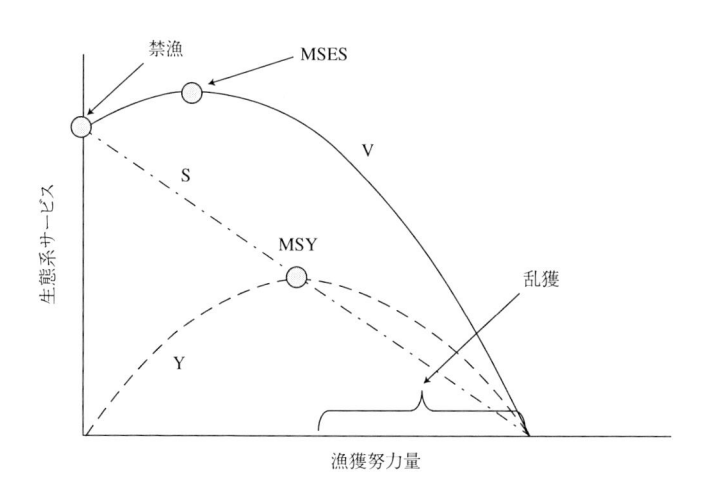

図10・3 漁獲努力量と生態系サービスの関係を表す概念図．
Y は漁業収益，S は漁業以外の生態系サービス，V はその和，MSY は最大持続生産量，MSES は最大持続生態系サービスを表す．

てきた．MSY概念は国連海洋法条約の条文にも記されている．しかし，今後我々が目指すべきものはMSYではなく，どちらかといえば生態系サービス全体の最適化（最大持続生態系サービス）である．漁業以外の生態系サービスSが資源量の増加関数であるならば，その最大化を図るには，全面禁漁が最適となる．しかし，漁業収益Yは生態系サービスの一部であり，両者の総和Vを最大化することが重要である．さらに，漁業自身を観光資源とすることも可能である．これまでの持続可能な漁業は漁業生産の持続可能性を目指していたが，今後は，生態系サービスの総計の持続可能性を担保する施策が奨励されるだろう．供給サービスは市場で取引される生態系サービスの大半を占めるが，外部不経済による損失を含めれば，調節サービスの価値は供給サービスよりも桁違いに高いと見られている[19]．したがって，漁獲量のみを最大にする解と生態系サービス全体を最大にする解はかなり異なる場合もあるだろう．

問題は，漁業以外の生態系サービスを評価する方法である．上記の数式に当てはめるには，漁業もそれ以外も経済評価せねばならない．そのため，生物多様性条約では，生態系サービスの経済評価が試みられている[8]．ただし全ての生態系サービスに貨幣価値がつけられるものではないし，人々の主観や信条の違いにより大きく価値が変異するサービスもあろう．このような状況下では関係者の合意形成による資源管理法や政策の決定が必要である．局所的な生態系の管理計画においてはそのようなアプローチは十分に実現可能であるが，気候変動やグローバル経済の問題がますます重要とされている現在，合意形成を必要とするスケールはますます広くなっており，政策決定のプロセスへの反映方法も複雑さを増しているのが現状であろう．

生態系サービスの定量化と並び，人間の自然生態系への影響を定量的に評価して生態系管理に導入する方法として，温室効果ガスの排出削減目標のように，生態系への負荷そのものの上限を設けて，その負荷の枠を取引することも検討されている．その負荷の評価方法として最も有力なものはエコロジカル・フットプリント（Ecological Footprint）である[20]．これは，人間活動が地球上の生態系に与える負荷を，利用する生態系サービスを確保するのに必要な面積に換算する方法により評価・比較するものである．国ごとのエコロジカル・フットプリントは，①その国民が消費する食料や繊維，木材などを生産するために必要な耕作

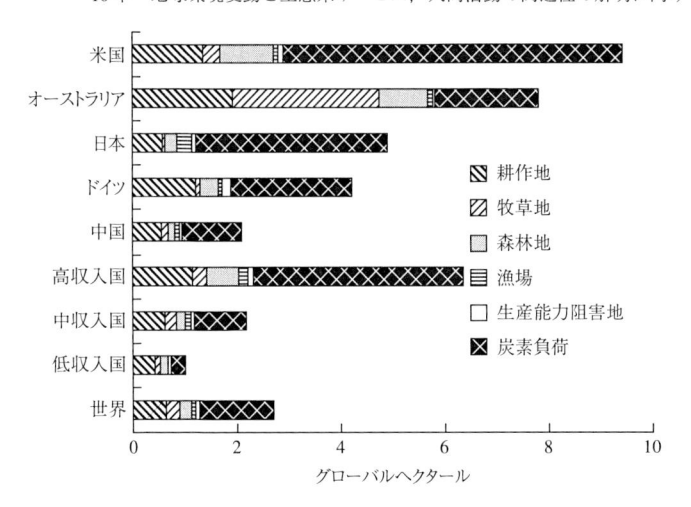

図10·4 主要国のエコロジカル・フットプリント.
人口1人当たりのエコロジカル・フットプリントは,先進国が発展途上国よりも遥に高い値を示してる.WWF[20]より引用.

地,森林,漁場の面積,②生産活動に伴い排出される物質を吸収・分解するのに必要な場の面積,③各種のインフラ整備のために必要な空間の面積の総和として表される.現状では,1人当たりのエコロジカル・フットプリントは,当然のことながら,先進国ほど広く,発展途上国の数倍に達している(図10·4).生態系負荷の取引に関する考え方は,様々なタイプの生態系管理に応用することが可能である.例えば,漁業における個別漁獲割当量の取引(ITQ)は生物多様性条約ではそのような文脈で紹介されている[21].ただし,資源変動に応じて漁獲可能量を毎年変えるなどの措置がとりにくい場合や,資源量が激変した場合に割当量の配分に不公平が出るなどの弊害も考えられる.今後,国際レベルだけではなく,国内の地方自治体レベルの生態系管理の現場への適用ができるかどうかも検討する必要があるだろう.

§5. 今後の課題

以上,生態系サービスの変化に着目して生態科学と社会科学を統合的に扱う研究アプローチを提唱した.このような解析は,地球環境変動に伴う沿岸生態系の中長期的な変化の将来予測,およびその予測を基にした持続可能かつ順応的な

資源管理方法の立案を進めるうえで有効なツールとなることが期待される.

ILTERにおる現在進行中の広域比較解析では,生態系の変動と人間活動の変動の関係性に対する気候帯,生態系,各国の経済状況や文化の違いの関わり方が明らかにされよう.これは,今後より汎用性のある統合モデルを作成する上で有益な情報を提供するであろう.

また,これまでの解析の試みを通じて,今後解決すべき様々な課題も指摘されている.生態系サービスのトレードオフの問題については,その対象とする空間スケールや時間スケールについての検討が求められる.特に空間スケールについては,例えば,発展途上国の豊かな生態系で提供された生態系サービスの多くが先進国で利用されているなど,経済活動のグローバル化に対応した広域解析が必要かもしれない[17].一方,現在の人々が享受できる生態系サービスと将来の世代に残すサービスのトレードオフについては,割引率をどのように設定するかという根本的な点に共通のコンセンサスが得られていない現状をいかに解決していくかという問題に取り組まなければならない[8].このような課題に真摯に向き合うことで,地球環境問題の解決に向けた新たな統合的学問が発展することが望まれる.

文献

1) Waycott M, Duarte CM, Carruthers TJB, Orth RJ, Dennison WC, Olyarnik S, Calladine A, Fourqurean JW, Heck Jr KL, Hughes AR, Kendrick GA, Kenworthy WJ, Short FT, Williams SL. Accelerating loss of seagrasses across the globe threatens coastal ecosystems. *PNAS* 2009;106:12377-12381.

2) Valiela I, Bowen JL, York JK. Mangrove forests: one of the world's threatened major tropical environments. *Bioscience* 2001;51:807-815.

3) Halpern BS. A global map of human impact on marine ecosystems. *Science* 2008;319:948-952.

4) 仲岡雅裕. 気候変動にともなう沿岸生態系の変化―生物群集から考える.「生態系と群集をむすぶ」(大串隆之,近藤倫生,仲岡雅裕編)京都大学学術出版会. 2008;179-204.

5) Chapin III FS, Zavaleta ES, Eviner VT, Naylor RL, Vitousek PM, Reynolds HL, Hooper DU, Lavorel S, Sala OE, Hobbie SE, Mack MC, Díaz S. Consequences of changing biodiversity. *Nature* 2000;405:234-242.

6) IPCC. *Climate Change 2007: the Physical Science Basis. Contribution of Working Group I to the Fourth Assessment Report of the Intergovernmental Panel on Climate Change.* Cambridge University Press. 2007.

7) Millennium Ecosystem Assessment. *Ecosystems and Human Well-being: Synthesis.* Island Press. 2005.

8) European Communities. *The Economics of Ecosystem and Biodiversity: an Interim*

Report. A Banson Production, Cambridge. 2008（日本語版：住友信託銀行・日本生態系協会・日本総合研究所翻訳）.
9) Collins SL, Swinton SM, Anderson CW, Benson BJ, Brunt J, Gragson T, Grimm NB, Grove M, Henshaw D, Knapp AK, Kofinas G, Magnuson JJ, McDowell W, Melack J, Moore JC, Ogden L, Porter JH, Reichman OJ, Robertson GP, Smith MD, Vande Castle J, Whitmer AC. *Integrated Science for Society and the Environment: a Strategic Research Initiative.* LTER Network Office. 2007.
10) Hasegawa N, Hori M, Mukai H. Seasonal shifts in seagrass bed primary producers in a cold-temperate estuary: dynamics of eelgrass *Zostera marina* and associated epiphytic algae. *Aquat. Bot.* 2007；86：337-345.
11) Watanabe M, Nakaoka M, Mukai H. Seasonal variation in vegetative growth and production of the endemic Japanese seagrass *Zostera asiatica*: a comparison with sympatric *Zostera marina. Bot. Mar.* 2005；48：266-273.
12) Millennium Ecosystem Assessment. *Ecosystems and Human Well-being: a Framework for Assessment.* Island Press. 2003.
13) Scheffer M, Carpenter S, Foley JA, Folke C, Walker B. Catastrophic shifts in ecosystems. *Nature* 2001；413：591-596.
14) de Young B, Barange M, Beaugrand G, Harris R, Perry RI, Scheffer M, Werner F. Regime shifts in marine ecosystems: detection, prediction and management. *Trends Ecol. Evol.* 2008；23：402-409.
15) Kinzig AP, Ryan P, Etienne M, Allison H, Elmqvist T, Walker BH. Resilience and regime shifts: assessing cascading effects. *Ecol. Soc.* 2005；11：20.
16) Yamada K, Hori M, Tanaka Y, Hasegawa N, Nakaoka M. Temporal and spatial macrofaunal community changes along a salinity gradient in seagrass meadows of Akkeshi-ko estuary and Akkeshi Bay, northern Japan. *Hydrobiologia* 2007；592：345-358.
17) Carpenter SR, Mooney HA, Agard J, Capistrano D, DeFries RS, Díaz S, Dietz T, Duraiappah AK, Oteng-Yeboah O, Pereira HM, Perrings C, Reid WV, Sarukhan J, Scholes RJ, Whyte A. Science for managing ecosystem services: beyond the Millennium Ecosystem Assessment. *PNAS* 2009；106：1305-1312.
18) Matsuda H, Makino M, Kotani K. Optimal fishing policies that maximize sustainable ecosystem services. In: Tsukamoto K, Kawamura T, Takeuchi T, Beard Jr TD, Kaiser MJ (eds). *Fisheries for Global Welfare and Environment.* TERRAPUB. 2008；359-369.
19) Costanza R, d'Arge R, de Groot R, Farber S, Grasso M, Hannon B, Limburg K, Naeem S, O'Neill RV, Paruelo J, Raskin RG, Sutton P, van den Belt M. The value of the world's ecosystem services and natural capital. *Nature* 1997；387：253-260.
20) WWF. Living Planet Report. WWF–World Wide Fund for Nature. 2008.
21) Forest Trends and Ecosystem Marketplace. *Payments for Ecosystem Services: Market Profiles.* Forest Trends and Ecosystem Marketplace. 2008（Web 公開資料，http://ecosystemmarketplace.com/documents/acrobat/PES_Matrix_Profiles_PROFOR.pdf）.

用語解説

生物多様性

1992年にブラジルのリオデジャネイロにおいて開催された国連環境開発会議（地球サミット）に合わせて「生物の多様性に関する条約」（生物多様性条約）が採択された．本条約では生物多様性について，種内の多様性（遺伝的多様性など），種間の多様性（種の多様性，相互作用の多様性など）および生態系の多様性（生態系，景観の多様性など）の3つのレベルが示されている．我が国の生物多様性国家戦略における生物多様性の定義も上記の3レベルに準じている．生態学では個（遺伝子型）の多様性，集団の多様性，種の多様性，群集の多様性，生態系多様性および景観多様性の6つの多様性が認知されている．これらのうち，遺伝子多様性と集団多様性は種内の多様性，種多様性と群集多様性は種間の多様性，生態系多様性と景観多様性は生態系の多様性というレベルにそれぞれ含まれる．

COP10

「生物多様性条約第10回締約国会議」の略称であり，COPとは国際条約の締約国が集まって開催する会議（Conference of the Parties）を指す．生物多様性条約会議は1992年リオデジャネイロにおいて開催された国連環境開発会議（地球サミット）以降，約2年ごとに開催されている．生物多様性条約の目的として，生物の多様性の保全，生物多様性の構成要素の持続可能な利用，および遺伝資源の利用から生ずる利益の公正で衡平な配分の3つが掲げられている．COP10では，遺伝資源の利用と配分に関する国際ルールを定める「名古屋議定書」と，次の目標年である2020年までの10年間に達成すべき保全目標（愛知ターゲット）が採択された．浅海域・水産分野の関連項目としては，自然資源の持続的利用という観点にもとづく過剰漁獲，破壊的漁業の禁止や，生物多様性消失を食い止める保護区の創設が条項に盛り込まれたことにより，保全と利用の調和をはかる持続的な漁業の促進が今後ますます重要な目標となるであろう．

海洋保護区（marine protected area：MPA）

　生態系や地形・地質・水源などを保全・涵養するために設けられる自然保護区のうち，海の生態系保全を目的とするもの．乱獲や生息環境の破壊などにより絶滅が危惧されている海洋生物や，魚類の繁殖地などの保全が主目的となる場合が多い．COP10では海域面積の10％を保護区とする目標が掲げられた（陸域では17％）．国際的には，文化的遺産など必ずしも生物の保全が主眼にないエリアや，海に近接する陸域も対象となり，管理手法が実効的であれば法的規制は不要である．我が国ではMPAに関する公的な定義や正確な面積情報は存在しない．漁業者や地域住民による自主的な保全管理下のエリアもこれに相当する．WWFジャパン（http://www.wwf.or.jp/）の集計によれば，海洋保護区に相当する鳥獣保護区特別保護地区（40,752 ha），海中公園地区（3,745 ha），海中特別地区（128 ha）および保護水面（2,747 ha）の合計面積は47,385 haである．この値は，我が国の水深10 m以浅の浅海域（1,290,068 ha）の3.67％，領海（43万 km^2）の0.11％，排他的経済水域（447万 km^2）の0.01％にとどまり，いずれも国際目標である10％よりもはるかに小さい現状にある．

成育場（生育場，育生場，育成場）

　一般に，魚介類が幼期に成育する場を総称して成育場（「せいいくじょう」あるいは「せいいくば」）と呼ぶ．海域生態系においては，生物生産に貢献する幼期の生息場所と定義される．すなわち，魚介類幼期個体が高密度で分布する場所を成育場と呼ぶケースが多いが，厳密な意味においては異なる．幼期の分布密度が高くても，成長速度の低下や，天敵に捕食されるなどしてバイオマスが増加しない場合や，内部の環境が適していても幼生が適度に供給されない場合には，成育場として機能しているとは言えない．さらには，藻場や干潟などの特定の生態系が，ある生物資源の生産に高く貢献している場合には，相対的によい成育場とみなすことが可能である．個体密度や重量の増減を追跡するといった定量的評価が，成育場としての機能や貢献度を評価する際には不可欠である．

「里海」という概念

　陸上生態系の「里地」や「里山」に対応する海域生態系の概念であり近年多

用されるようになった．いずれの生態系においても，自然環境と人間活動の共存を目指す点で共通しているが，陸域に比べて海域では人間が環境条件を適切にコントロールすることが相対的に困難であるため，自然の生産物を利用するプロセスや効率は大きく異なる．人の手が加わることにより生物生産と生物多様性がともに高くなった沿岸海域を「里海」と定義する場合もあるが（環境省里海ネット：http://www.env.go.jp/water/heisa/satoumi/），生物生産が高まる多くの事例（ノリ・カキ養殖など）において生物多様性の高まりは実証されていない．また，「人の手が加わること」をあえて強調する考え方には異論も強い．海岸を埋め立てて人工干潟を作ることから，自然への撹乱を最低限に抑えて資源生物を持続的に利用する取り組みまで，「里海」の概念のもとに実施されている活動や対象となる生態系は様々である．また，それぞれのケースにおいて人為的影響の程度は大きく異なり，元来の自然をほとんど完全に改変するケースも認められる．そもそも「里海」の定義が曖昧なことを問題視する声もあり，関係学会などで活発な議論が行われている．沿岸海域につながる陸上の流域も含め，そこに生活する住民が常に海までの環境を意識し，本来備わっている生物多様性と生物生産力を損なわない努力が，本来の「里海」活動の主旨にかなったものと言えるであろう．

栽培漁業

　水槽，生け簀などの閉鎖的環境で人が給餌して水産資源を育て収穫する養殖に対し，ある段階まで人間が育成した種苗を開放的環境に放流，あるいはカキ養殖などのように移動を制限した状態においた（耳吊りやかご）のち，自然の生物生産力を利用して成長した魚介類を捕獲・収穫する増養殖の形式を，陸上の植物栽培になぞらえて栽培漁業とよぶ．放流された種苗が，天然資源に利用されない余剰生産力を効果的に利用して漁獲や再生産資源に加入した場合に生態系サービスが高まる．魚類の初期飼育技術が世界トップクラスの我が国は，古くからマダイ，ヒラメ，ホタテなどの魚介類を対象とした研究実績も豊富で栽培漁業先進国といえる．放流種苗の生残率を高めるための適正な放流サイズ，時期，場所別放流や，放流後も給餌を行うための音響馴致（飼いつけ）など，対象種の生態学を基礎とした多様な放流技術が開発されてきた．

索　引

〈あ行〉

ISSE フレームワーク　132
アマモ場　33, 53, 107
アリューシャン低気圧指数　112
アワビ類　39
安定同位体比　32
遺贈価値　21, 116
移動　30
海草藻場　101
エコトーン　23
エコロジカル・フットプリント　140
エスチュアリー　78
オプション価値　21, 116

〈か行〉

*海洋保護区　102
河口　84
加入　30
ガラモ場　67, 107
環境評価　117
間接利用価値　21, 116
感潮域　89
気候変動　129
基盤サービス　18, 134
供給サービス　18, 26, 38, 67, 134
魚類　58
　——生産　39, 68, 85
景観多様性　24
経済価値　72
顕示選好法　118
減耗　73
小型紅藻群落　43
*COP10　4
コホート　72
混獲　49
コンフリクト　23, 45

〈さ行〉

最大持続生態系サービス　140

*栽培漁業　87
*里海　5, 79
シェルター　53
耳石　72
持続可能収量　139
持続的漁業　24
種苗放流　87
植生　33
浄化作用　81
食物連鎖　94
シロメバル　31, 69
水産エコラベル　116
スズキ　110
*成育場　29, 67, 86
生元素　12
生残　29
生産速度　30
生息場環境　40
生態系間のつながり　24
生態系管理　12
生態系機能　11
生態系サービス　11
生態系保全　24
成長　29
*生物多様性　11
瀬戸内海　72, 112
存在価値　21, 116

〈た行〉

対捕食者戦略　60
稚魚　70
潮間帯　80
長期生態学研究ネットワーク　130
調整サービス　18
直接利用価値　21, 116
トレードオフ　130

〈は行〉

バイオマス　26

破壊的漁業　97
ハビタット　57, 65
干潟　84
被食シェルター　68
ヒステリシス　19
被捕食者　58
フィードバック　18
文化サービス　18, 95, 134
表明選好法　118
*保護区　82, 24
捕食圧　60
捕食者　33
捕食−被食関係　46
ホッカイエビ　45

〈ま行〉
マイクロハビタット　41, 53
Marin Stewardship Council（MSC）　121
ミレニアム生態系評価　12
無脊椎動物資源　38
メバル　31, 69
モニタリング　22
藻場　46
山（森）川海　83

〈や，ら行〉
ゆりかご　33
乱獲　97
レジームシフト　19, 135
連結性　83

＊は用語解説を参照

本書の基礎になったシンポジウム

平成 22 年度本水産学会春季大会シンポジウム
「魚介類生産の場としての浅海域の生態系サービス」

企画責任者　山下　洋（京大フィールド研），仲岡雅裕（北大北方生物圏），河村知彦（東大海洋研），
　　　　　　堀　正和（瀬戸内水研），小路　淳（広大院生物圏科）

開会の挨拶　　　　　　　　　　　　　　　　　　　　山下　洋（京大フィールド研）

I. 定量的生産研究の手法と現状　　　　　　　座長　仲岡雅裕（北大北方生物圏）
　　1. 生物生産と生物多様性　　　　　　　　　　　　堀　正和（瀬戸内水研）
　　2. 魚類生産　　　　　　　　　　　　　　　　　　小路　淳（広大院生物圏科）
　　3. 貝類生産　　　　　　　　　　　　　　　　　　河村知彦（東大海洋研）
　　4. 甲殻類生産　　　　　　　　　　　　　　　　　千葉　晋（東農大生物産業）

II. 各生態系の環境特性と生産構造　　　　　　座長　小路　淳（広大院生物圏科）
　　1. アマモ場　　　　　　　　　　　　　　　　　　堀之内正博（島根大汽水域セ）
　　2. ガラモ場　　　　　　　　　　　　　　　　　　上村泰洋（広大院生物圏科）
　　3. 河口域　　　　　　　　　　　　　　　　　　　山下　洋（京大フィールド研）
　　4. 干潟　　　　　　　　　　　　　　　　　　　　浜口昌己（瀬戸内水研）
　　5. サンゴ礁　　　　　　　　　　　　　　　　　　中村洋平（高知大黒潮圏）

III. 今後の生態系サービス研究　　　　　　　　座長　堀　正和（瀬戸内水研）
　　1. 沿岸資源の長期変動とレジームシフト　　　　　片山知史（中央水研）
　　2. 地球環境変動と生態系サービス　　　　　　　　仲岡雅裕（北大北方生物圏）
　　3. 経済学的視点からみた生態系サービス　　　　　大石卓史（アミタ持続研）
　　4. 生態系サービスと行政政策　　　　　　　　　　松田裕之（横国大環境情報）

IV. 総合討論　　　　　　　　　　　　　　　　司会　山下　洋（京大フィールド研），仲岡雅裕（北大北方生物圏），河村知彦（東大海洋研），堀　正和（瀬戸内水研），小路　淳（広大院生物圏科）

閉会の挨拶　　　　　　　　　　　　　　　　　　　　仲岡雅裕（北大北方生物圏）

出版委員

稲田博史　岡田　茂　尾島孝男　金庭正樹
木村郁夫　里見正隆　佐野光彦　鈴木直樹
田川正朋　長崎慶三　吉崎悟朗

水産学シリーズ〔169〕　　　定価はカバーに表示

浅海域の生態系サービス—海の恵みと持続的利用

Ecosystem services of coastal waters
 – benefits of the sea and its sustainable use

平成 23 年 3 月 25 日発行

編　者　　小路　淳
　　　　　堀　正和
　　　　　山下　洋

監　修　社団法人 日本水産学会
　　　　〒 108-8477　東京都港区港南 4-5-7
　　　　　　　　　　東京海洋大学内

発行所　〒 160-0008
　　　　東京都新宿区三栄町 8
　　　　Tel　03 (3359) 7371
　　　　Fax　03 (3359) 7375
　　　　株式会社　恒星社厚生閣

© 日本水産学会，2011.

印刷・製本　シナノ

好評発売中！

里海創生論

柳 哲雄 著
A5判・160頁・定価2,415円

著者が提唱した「里海」という言葉は，内閣合議事項「環境立国戦略」の中でも取り上げられ，様々な疑問や指摘が寄せられるようになった。それに答えるべく「人手と生物多様性」，「里海の漁業経済的側面」，「法律的側面」，「景観生態学的側面」，「科学と社会の関連」等を考察し，各地で展開されている里海創生の具体例を紹介する。

里海論

柳 哲雄 著
A5判・112頁・定価2,100円

瀬戸内海を里海に
－新たな視点による再生方策－

瀬戸内海研究会議編
B5判・118頁・定価2,415円

環境配慮・地域特性を生かした
干潟造成法

中村 充・石川公敏 編
B5判・146頁・定価3,150円

水産学シリーズ167
「里海」としての沿岸域の新たな利用

山本民次 編
A5判・156頁・定価3,780円

水産学シリーズ162
市民参加による浅場の順応的管理

瀬戸雅文 編
A5判・162頁・定価3,045円

水産学シリーズ161
アサリと流域圏環境 伊勢湾・三河湾での事例を中心として

生田和正・日向野純也・
桑原久美・辻本哲郎 編
A5判・160頁・3,045円

水産学シリーズ157
森川海のつながりと河口・沿岸域の生物生産

山下 洋・田中 克 編
A5判・148頁・定価3,045円

水産学シリーズ156
閉鎖性海域の環境再生

山本民次・古谷 研 編
A5判・166頁・定価2,940円
日本沿岸域学会「出版・文化賞」授賞。

定価は消費税5％を含む

恒星社厚生閣